Produção de batata-doce de polpa alaranjada (OFSP) na Nigéria:

Jude Teryima Nyor
Jude A. Mbanasor
Orfoh Jacob Torkuma

Produção de batata-doce de polpa alaranjada (OFSP) na Nigéria:

Um guia completo

ScienciaScripts

Imprint

Any brand names and product names mentioned in this book are subject to trademark, brand or patent protection and are trademarks or registered trademarks of their respective holders. The use of brand names, product names, common names, trade names, product descriptions etc. even without a particular marking in this work is in no way to be construed to mean that such names may be regarded as unrestricted in respect of trademark and brand protection legislation and could thus be used by anyone.

Cover image: www.ingimage.com

This book is a translation from the original published under ISBN 978-620-8-11831-0.

Publisher:
Sciencia Scripts
is a trademark of
Dodo Books Indian Ocean Ltd. and OmniScriptum S.R.L publishing group

120 High Road, East Finchley, London, N2 9ED, United Kingdom
Str. Armeneasca 28/1, office 1, Chisinau MD-2012, Republic of Moldova, Europe

ISBN: 978-620-3-28818-6

Copyright © Jude Teryima Nyor, Jude A. Mbanasor, Orfoh Jacob Torkuma
Copyright © 2024 Dodo Books Indian Ocean Ltd. and OmniScriptum S.R.L publishing group

Conteúdo

Visão geral	2
CAPÍTULO 1	3
CAPÍTULO 2	8
CAPÍTULO 3	15
CAPÍTULO 4	16
CAPÍTULO 5	26
CAPÍTULO 6	32
CAPÍTULO 7	39
CAPÍTULO 8	42
REFERÊNCIAS	49

Visão geral

Este guia abrangente visa equipar os agricultores, os trabalhadores da extensão agrícola, os decisores políticos e os investigadores com os conhecimentos e as ferramentas necessárias para maximizar os benefícios da produção de BDPA e contribuir para a segurança alimentar e o desenvolvimento económico na Nigéria. O Guia Abrangente também tem como objetivo ser um recurso abrangente para as várias partes interessadas envolvidas no cultivo, gestão e comercialização de batata-doce de polpa alaranjada (OFSP) na Nigéria. Este guia fornecerá às famílias e aos agricultores comerciais conhecimentos práticos sobre a plantação de BDPA em casa ou na exploração agrícola. É fácil de compreender por qualquer pessoa disposta a plantar BDPA em qualquer altura do ano e em qualquer parte da Nigéria. Os planeadores de refeições domésticas e os processadores rurais podem aceder facilmente a informações sobre o valor acrescentado, a transformação e a utilização da batata-doce de polpa alaranjada (BDPA) para melhorar a segurança alimentar e nutricional e, em última análise, aumentar os seus meios de subsistência.

Palavras-chave: Batata-doce de polpa alaranjada (OFSP), Segurança alimentar, Segurança nutricional, Valor acrescentado, Meios de subsistência.

CAPÍTULO 1
INTRODUÇÃO
1.1. Visão geral da batata-doce de polpa alaranjada (OFSP)

A batata-doce de polpa alaranjada (Orange-Fleshed Sweet Potato - OFSP) é uma variedade de batata-doce que ganhou grande atenção devido ao seu elevado teor de beta-caroteno, um precursor da vitamina A. Ao contrário das variedades comuns de batata-doce de polpa branca ou roxa, a OFSP tem uma cor laranja distinta devido à sua rica concentração de carotenóides, particularmente beta-caroteno, que desempenha um papel crucial no combate à deficiência de vitamina A (VAD) em muitas partes do mundo, especialmente na África Subsariana e na Ásia.

A deficiência de vitamina A é um importante problema de saúde pública, particularmente nos países em desenvolvimento, onde é uma das principais causas de cegueira evitável em crianças e aumenta o risco de doença e morte por infecções graves. A BDPA é amplamente reconhecida como uma cultura biofortificada com potencial para melhorar os resultados nutricionais das populações vulneráveis (Low et al., 2007).

A procura global de BDPA tem vindo a aumentar, impulsionada por uma maior consciencialização dos seus benefícios para a saúde e da sua versatilidade em vários produtos alimentares. Estudos realizados por Bouis e Islam (2012) destacaram o crescente mercado de culturas biofortificadas como a BDPA, que são cada vez mais vistas como uma solução para as deficiências de micronutrientes.

1.2. Importância da BDPA na Nigéria
1.2.1. Lidar com a deficiência de vitamina A (DVA)

Um dos papéis mais importantes da batata-doce de polpa alaranjada (OFSP) na Nigéria é a sua contribuição para o combate à deficiência de vitamina A (VAD), que é um problema de saúde pública significativo, particularmente entre as crianças e as mulheres grávidas. A DVA conduz a várias complicações de saúde, incluindo problemas de visão, enfraquecimento da resposta imunitária e, em casos graves, cegueira e morte. Na Nigéria, onde muitas pessoas dependem de alimentos básicos que são pobres em micronutrientes essenciais, as BDPA constituem uma fonte localmente disponível, acessível e rica em beta-caroteno, um precursor da vitamina A (Low et al., 2007).

Estudos demonstraram que o consumo regular de BDPA pode melhorar substancialmente a ingestão de vitamina A. De acordo com o Centro Internacional da Batata (CIP) (2018), a introdução de BDPA nas dietas de crianças e mulheres grávidas tem sido eficaz no aumento dos níveis séricos de retinol, o que melhora os seus resultados de saúde (Carey et al., 2019). Esta cultura biofortificada é, portanto, uma ferramenta crítica para reduzir a desnutrição e melhorar a saúde pública na Nigéria.

1.2.2. Reforço da segurança alimentar

A segurança alimentar continua a ser um desafio premente na Nigéria, onde muitas populações rurais dependem da agricultura de subsistência. A BDPA desempenha um papel essencial neste contexto devido à sua resiliência, adaptabilidade a várias zonas agro-ecológicas e ciclo de crescimento relativamente curto de 3-4 meses. Esta cultura pode crescer em regiões propensas à seca e à fraca fertilidade do solo, o que a torna uma fonte alimentar fiável, especialmente em áreas afectadas pelas alterações climáticas.

Ao cultivar BDPA, os agricultores podem garantir um abastecimento alimentar constante para as suas famílias, com a produção excedente a proporcionar oportunidades de geração de rendimentos. A versatilidade da cultura, que pode ser cozida, frita, assada ou transformada em vários produtos, como farinha e batatas fritas, faz dela um alimento básico que contribui significativamente para a segurança alimentar das famílias (Gibson et al., 2009).

1.2.3. Capacitação económica e geração de rendimentos

As BDPA oferecem múltiplas oportunidades de geração de rendimentos, em particular aos pequenos agricultores e às mulheres na Nigéria. A crescente popularidade da cultura nos mercados urbanos e rurais, impulsionada por uma maior consciencialização dos seus benefícios nutricionais, aumentou a procura no mercado tanto de tubérculos frescos como de produtos transformados de BDPA. Esta procura abriu oportunidades para os pequenos agricultores participarem em cadeias de valor que anteriormente eram inacessíveis. A transformação das BDPA pode criar uma gama de produtos de valor acrescentado, como puré, pão, bolos e batatas fritas, que não só satisfazem a procura local como também apresentam potencial para os mercados de exportação. Como a Nigéria procura diversificar o seu sector agrícola e melhorar os meios de subsistência das populações rurais, o desenvolvimento das cadeias de valor das BDPA oferece um caminho viável para a capacitação económica. As mulheres, que constituem uma parte significativa da força de trabalho agrícola da Nigéria, beneficiam particularmente destas oportunidades, uma vez que estão frequentemente envolvidas na transformação e venda de produtos de BDPA (Mwanga et al., 2017).

1.2.4. Contribuição para a resiliência climática
As alterações climáticas constituem uma ameaça crescente para a agricultura na Nigéria, com padrões de precipitação imprevisíveis e temperaturas crescentes que afectam o rendimento das culturas. A BDPA é considerada uma cultura resistente ao clima devido à sua capacidade de prosperar em condições de seca e solos pobres, o que a torna uma opção adequada para os agricultores em regiões que enfrentam condições climáticas adversas. A adaptabilidade da cultura reduz o risco de quebra de safra, proporcionando um amortecedor para as comunidades agrícolas que são vulneráveis aos efeitos das mudanças climáticas (Andrade et al., 2009).

Além disso, as BDPA contribuem para práticas agrícolas sustentáveis, uma vez que são adequadas para sistemas de rotação de culturas e de culturas intercalares. Estas práticas ajudam a manter a fertilidade do solo, a reduzir a pressão de pragas e doenças e a melhorar a sustentabilidade global dos sistemas agrícolas. Consequentemente, as BDPA podem desempenhar um papel crucial no reforço da resiliência climática dos sistemas agrícolas nigerianos.

1.2.5. As BDPA nos programas nacionais de nutrição e saúde
O governo nigeriano e várias organizações internacionais reconheceram o potencial das BDPA para melhorar a nutrição e a saúde. Como parte dos programas nacionais de nutrição, a BDPA foi integrada em estratégias destinadas a reduzir a desnutrição, particularmente entre as crianças com menos de cinco anos e as mulheres grávidas. As iniciativas lideradas pelo Centro Internacional da Batata (CIP), HarvestPlus e a Fundação Bill & Melinda Gates promoveram a disseminação generalizada de videiras de BDPA para agricultores em toda a Nigéria (Low et al., 2017).

Estes programas também incluem educação sobre a importância de incluir as BDPA nas dietas diárias e formação sobre práticas agronómicas para maximizar os rendimentos. Em combinação com outras culturas biofortificadas, como o milho e a mandioca, as BDPA constituem uma parte fundamental da estratégia mais alargada da Nigéria para combater as deficiências de micronutrientes e melhorar a saúde geral da população.

1.2.6. Potencial de mercado e oportunidades de exportação
A crescente procura mundial de alimentos nutritivos e benéficos para a saúde posicionou a BDPA como uma cultura valiosa para os mercados de exportação. A Nigéria tem potencial para se tornar um importante fornecedor de produtos de BDPA, não só em África, mas também nos mercados internacionais, onde a procura de superalimentos está a crescer. O desenvolvimento de cadeias de valor que apoiem a produção, transformação e comercialização de BDPA pode abrir oportunidades de exportação que contribuam para o crescimento económico do país.

Além disso, os produtos de BDPA como a farinha, o puré e as batatas fritas têm o potencial de atrair a atenção da indústria alimentar e de bebidas, tanto a nível local como internacional. À medida que os consumidores se tornam mais preocupados com a saúde, os produtos derivados da BDPA podem encontrar nichos de mercado na produção de alimentos para bebés, snacks e produtos alimentares fortificados (Carey et al., 2019).

1.2.7. Reforçar a inclusão social e a emancipação dos géneros
As BDPA têm o potencial de reforçar a inclusão social e o empoderamento do género no sector agrícola da Nigéria. As mulheres, que são tradicionalmente responsáveis pela preparação e

comercialização dos alimentos em muitas comunidades rurais, podem beneficiar das oportunidades de valor acrescentado da cultura. Ao dedicarem-se ao cultivo, transformação e comercialização da BDPA, as mulheres podem melhorar os seus rendimentos e reforçar o seu papel na tomada de decisões no agregado familiar.

Além disso, as ONG e as organizações de desenvolvimento têm-se concentrado na capacitação das mulheres, proporcionando formação e acesso aos recursos necessários para a produção e processamento de BDPA. Estas iniciativas ajudam a reduzir as disparidades de género na agricultura, melhoram a nutrição familiar e criam oportunidades de independência económica entre as mulheres nas zonas rurais (Mwanga et al., 2017).

1.3. Benefícios nutricionais e para a saúde das BDPA

A vantagem nutricional mais significativa das BDPA é o seu rico teor de beta-caroteno. O betacaroteno é convertido em vitamina A no corpo humano, que é essencial para manter uma visão saudável, a função imunitária e a saúde da pele. De acordo com a Organização das Nações Unidas para a Alimentação e a Agricultura (FAO) (2016), 100 gramas de BDPA podem fornecer betacaroteno suficiente para satisfazer até 35-90% da dose diária recomendada de vitamina A para as crianças. Para além da vitamina A, as BDPA contêm nutrientes essenciais como a fibra alimentar, o potássio e as vitaminas B6 e C, que contribuem para a saúde e o bem-estar geral.

Em comparação com outras culturas, a BDPA tem um índice glicémico relativamente baixo, o que a torna adequada para indivíduos com diabetes ou em risco de desenvolver a doença (Karanja et al., 2017). Também contém antioxidantes, que ajudam a prevenir danos celulares e a reduzir o risco de doenças crónicas como as doenças cardíacas e o cancro.

1.4. O papel da BDPA no combate à carência de vitamina A

1.4.1. Introdução à deficiência de vitamina A (DVA)

A deficiência de vitamina A (DVA) é um problema de saúde pública generalizado, particularmente em países de baixo e médio rendimento, incluindo a Nigéria. É mais prevalente entre as crianças pequenas e as mulheres grávidas, levando a consequências graves para a saúde, tais como problemas de visão, aumento do risco de infecções e, em casos extremos, cegueira e morte. De acordo com a Organização Mundial de Saúde (OMS) (2012), a DAV é a principal causa de cegueira infantil evitável e contribui significativamente para a mortalidade infantil devido ao seu papel no enfraquecimento do sistema imunitário (OMS, 2012).

Na Nigéria, onde muitas pessoas dependem de alimentos básicos com baixo teor de vitamina A, a DVA continua a ser um desafio crítico. Os esforços para combater este problema incluem a diversificação da dieta, a fortificação dos alimentos e os programas de suplementação. No entanto, a biofortificação de culturas como a batata-doce de polpa alaranjada (OFSP) surgiu como uma solução sustentável e eficaz para melhorar a ingestão de vitamina A entre as populações vulneráveis.

1.4.2. As BDPA são uma fonte rica em beta-caroteno

A BDPA é única entre as variedades de batata-doce devido ao seu elevado teor de beta-caroteno, um precursor da vitamina A. O beta-caroteno, o composto responsável pela cor laranja da BDPA, é convertido em vitamina A quando consumido. Estudos demonstraram que o consumo regular de BDPA pode melhorar significativamente o nível de vitamina A tanto em crianças como em adultos (Low et al., 2007).

Os níveis de beta-caroteno nas BDPA são consideravelmente mais elevados do que os da batata-doce de polpa branca ou roxa. Por exemplo, 100 gramas de BDPA cozida podem fornecer até 35-90% da ingestão diária recomendada de vitamina A para crianças, dependendo da variedade específica e do método de cozedura utilizado (Carey et al., 2019). Isto torna as BDPA uma intervenção dietética eficaz em áreas onde a DVA é prevalente.

1.4.3. As BDPA nos programas e intervenções no domínio da nutrição

Nos últimos anos, a BDPA tem sido integrada em vários programas de nutrição destinados a reduzir a DVA, particularmente na África Subsariana, onde tem sido promovida como uma cultura biofortificada. Na Nigéria, estes esforços têm sido liderados por organizações como o Centro

Internacional da Batata (CIP), o HarvestPlus e a Fundação Bill & Melinda Gates. Essas organizações trabalham em estreita colaboração com o governo nigeriano para promover o cultivo de OFSP, melhorar o acesso a materiais de plantio e educar as comunidades sobre os benefícios do consumo de OFSP (Low et al., 2017).
A educação nutricional é uma componente crítica destas intervenções. As famílias são ensinadas a cultivar, cozinhar e incorporar as BDPA nas suas dietas. Isto levou a um aumento do consumo de BDPA, particularmente entre as crianças e as mulheres em idade reprodutiva, que estão em maior risco de DVA. A investigação demonstrou que a incorporação de BDPA nas dietas destes grupos melhora as concentrações séricas de retinol, um indicador do estado da vitamina A (Low et al., 2015).

1.4.4. Impacto nos resultados de saúde pública
A introdução de BDPA na dieta das populações afectadas pela DVA teve um impacto mensurável nos resultados de saúde pública. Um estudo de referência realizado em Moçambique demonstrou que o consumo regular de BDPA aumentou a ingestão de vitamina A e melhorou o seu estado entre as crianças pequenas (Low et al., 2007). Foram observados resultados semelhantes noutros países, incluindo o Uganda e a Nigéria, onde as BDPA estão integradas nos programas nacionais de nutrição.
Na Nigéria, onde a DVA afecta aproximadamente 30% das crianças com menos de cinco anos (Inquérito Demográfico Nacional de Saúde, 2018), o aumento das intervenções com BDPA tem o potencial de reduzir significativamente a prevalência da deficiência de vitamina A. Ao fornecer uma fonte de vitamina A cultivada localmente e acessível, as BDPA ajudam a reduzir a dependência de programas de suplementação externos, que podem ser dispendiosos e difíceis de sustentar a longo prazo.

1.4.5. A BDPA como solução sustentável
A BDPA oferece uma solução sustentável para a DVA na Nigéria. Como cultura biofortificada, pode ser cultivada localmente por pequenos agricultores em diversas zonas agro-ecológicas, tornando-a acessível às comunidades rurais que são mais afectadas pela DVA. Além disso, a BDPA é tolerante à seca e tem um ciclo de crescimento curto, o que a torna adequada para regiões afectadas pelas alterações climáticas e pela insegurança alimentar (Andrade et al., 2009).
Como a BDPA está integrada nos sistemas alimentares tradicionais, alinha-se com os hábitos e preferências alimentares locais, facilitando a sua adoção. Esta integração garante que a solução é culturalmente apropriada e sustentável a longo prazo, em comparação com suplementos importados ou alimentos fortificados.

1.4.6. Política e defesa da promoção da BDPA
O governo nigeriano, em colaboração com organizações internacionais, reconheceu o potencial da BDPA na abordagem da DVA. Através do Ministério da Agricultura e Desenvolvimento Rural, o governo lançou programas com o objetivo de distribuir materiais de plantação de BDPA aos agricultores, formar extensionistas e sensibilizar para os benefícios nutricionais da cultura (Low et al., 2017).
Além disso, os esforços de sensibilização têm-se concentrado em aumentar a visibilidade da BDPA nas políticas nacionais de nutrição. Ao destacar o papel da cultura na melhoria da saúde pública, os decisores políticos são encorajados a apoiar a sua inclusão nas estratégias de desenvolvimento agrícola e nos programas de nutrição. Isto assegura que a BDPA continua a desempenhar um papel central na abordagem da DVA no país.

1.5. Finalidade e objectivos do guia
Objetivo:
O guia completo sobre a produção de batata-doce de polpa alaranjada (BDPA) na Nigéria foi concebido para servir de recurso informativo e prático para agricultores, trabalhadores de extensão agrícola, decisores políticos, investigadores e outras partes interessadas envolvidas no cultivo, promoção e utilização de BDPA. Este guia tem como objetivo fornecer uma compreensão detalhada das práticas agrícolas, benefícios nutricionais e oportunidades de mercado associadas às BDPA, e como a sua produção pode contribuir para melhorar a segurança alimentar, combater a deficiência de

vitamina A e apoiar o crescimento económico na Nigéria.
Objectivos:
1. Promover a sensibilização para o valor nutricional das BDPA
• Educar os agricultores, os extensionistas e os consumidores sobre o elevado teor de beta-caroteno das BDPA e o seu potencial para combater a carência de vitamina A, em especial nas populações vulneráveis, como as crianças e as mulheres grávidas.
• Destacar os benefícios para a saúde da incorporação das BDPA nos regimes alimentares regulares e o seu papel na melhoria dos resultados da saúde pública na Nigéria.
2. Fornecer diretrizes práticas para o cultivo de BDPA
• Oferecer instruções detalhadas, passo a passo, sobre as melhores práticas agronómicas para o cultivo de BDPA, incluindo a preparação do terreno, a propagação da vinha, a gestão de pragas e doenças e as técnicas de colheita.
• Delinear recomendações específicas da região para o cultivo de BDPA, considerando as diversas zonas agro-ecológicas da Nigéria e as suas respectivas condições climáticas e de solo.
3. Aumentar os conhecimentos dos agricultores sobre as variedades de BDPA e os sistemas de sementes
• Apresentar informação sobre as diferentes variedades de BDPA disponíveis na Nigéria, as suas caraterísticas e como os agricultores podem aceder a materiais de plantação de qualidade.
• Abordar a importância de sistemas de sementes sustentáveis e orientar os agricultores sobre a forma de preservar e propagar as vinhas de BDPA para garantir uma produção consistente.
4. Apoiar o desenvolvimento das cadeias de valor das BDPA
• Explorar as oportunidades de valor acrescentado das BDPA, incluindo as técnicas de transformação de produtos como a farinha, o puré, as batatas fritas e o pão de BDPA.
• Fornecer informações sobre o potencial de mercado da BDPA, incluindo estratégias para aceder aos mercados locais e de exportação, e como os agricultores podem aumentar o seu rendimento através da comercialização da BDPA.
5. Promover práticas agrícolas sustentáveis e resistentes ao clima
• Incentivar a adoção da BDPA como cultura resistente ao clima e adequada às condições ambientais em mutação da Nigéria.
• Oferecer orientações sobre a integração das BDPA em sistemas agrícolas sustentáveis, como a consociação e a rotação de culturas, para melhorar a saúde dos solos e garantir a produtividade agrícola a longo prazo.
6. Facilitar a partilha de conhecimentos e o reforço das capacidades
• Equipar os extensionistas agrícolas, as organizações não governamentais e os líderes comunitários com as informações necessárias para formar os agricultores na produção e utilização das BDPA.
• Fomentar a colaboração entre instituições de investigação, organismos governamentais e agricultores para fazer avançar a investigação sobre as FSP e desenvolver novas variedades de elevado rendimento e resistentes às pragas.
Ao atingir estes objectivos, o guia desempenhará um papel crucial na expansão da produção de BDPA, melhorando os resultados nutricionais e apoiando a capacitação económica dos agricultores na Nigéria.

CAPÍTULO 2
CONTEXTO GLOBAL E LOCAL DA PRODUÇÃO DE BATATA-DOCE
2.1. Produção e distribuição mundial de batata-doce de polpa alaranjada
2.1.1. Produção global de batata-doce de polpa alaranjada (OFSP)

A batata-doce de polpa alaranjada (OFSP) é uma variedade biofortificada de batata-doce que ganhou destaque devido ao seu elevado teor de beta-caroteno, que é essencial para combater a deficiência de vitamina A (VAD). Embora a batata-doce seja cultivada em todo o mundo, a produção de BDPA registou um aumento significativo, particularmente na África Subsariana e no Sudeste Asiático, como parte dos programas de biofortificação destinados a combater a desnutrição.

As principais regiões de produção de BDPA incluem
- África Subsaariana: A BDPA tem sido amplamente promovida em países como o Uganda, a Tanzânia, o Ruanda, o Quénia e a Nigéria. A África Subsariana é o lar de numerosos pequenos agricultores que cultivam BDPA, muitas vezes com o apoio de iniciativas agrícolas e nutricionais lideradas por organizações como o Centro Internacional da Batata (CIP) e o HarvestPlus.
- Ásia: No Sudeste Asiático, as BDPA são produzidas em países como a Indonésia, o Vietname e as Filipinas. Embora as variedades tradicionais sejam mais populares, os programas de biofortificação estão a introduzir gradualmente a BDPA como suplemento alimentar para melhorar a saúde pública.
- América Latina: Alguns países da América Latina estão também a começar a incorporar a BDPA nos seus sistemas agrícolas, embora esta continue a estar menos difundida do que em África ou na Ásia.

2.1.2. Distribuição mundial de BDPA

A distribuição de BDPA é principalmente motivada pelos esforços para combater a DVA, que afecta milhões de pessoas em todo o mundo. Organizações internacionais e ONGs colaboram com os governos para distribuir videiras de BDPA a pequenos agricultores, especialmente em regiões onde a desnutrição é comum. Estes programas também se centram na educação das comunidades sobre os benefícios nutricionais da BDPA e a sua incorporação nos regimes alimentares locais.

Os canais de distribuição incluem:
- Serviços de extensão agrícola: Os governos e as ONG fornecem materiais de plantação de BDPA e formação aos agricultores através de programas de extensão agrícola. Estes programas são particularmente activos em África, onde as BDPA são promovidas como um instrumento para melhorar a saúde e a segurança alimentar.
- Iniciativas de ONG e organizações internacionais: Programas como o "HarvestPlus" e o "CIP" trabalham directamente com os agricultores para distribuir videiras de BDPA e promover a sua adopção através de campanhas de sensibilização e investigação sobre variedades melhoradas.
- Distribuição do mercado: À medida que a BDPA se torna mais amplamente aceite, os mercados de raízes de BDPA e de produtos transformados (por exemplo, farinha, batatas fritas, puré) estão a expandir-se nas zonas urbanas e através das cadeias de valor. Em algumas regiões, os produtos de BDPA estão agora disponíveis nos supermercados e mercados locais.

2.2. Produção e distribuição de batata-doce de polpa alaranjada na Nigéria
2.2.1. Produção de BDPA na Nigéria

A Nigéria é um dos maiores produtores de batata-doce em África, e o cultivo de batata-doce de polpa alaranjada (OFSP) tem vindo a aumentar nos últimos anos devido ao seu potencial para combater a DVA e melhorar a segurança alimentar.
- Regiões de produção: A BDPA é cultivada principalmente nos estados do norte e centro da Nigéria, incluindo Benue, Nasarawa, Plateau e Kaduna, onde prospera devido às condições agro-ecológicas favoráveis. Os agricultores destas regiões dedicam-se normalmente à produção em pequena escala, com potencial de expansão à medida que a sensibilização e a procura de BDPA aumentam.
- Escala de produção: Embora a produção de BDPA na Nigéria esteja a aumentar, continua a ser uma parte menor do cultivo global de batata-doce em comparação com as variedades tradicionais de

polpa branca. No entanto, com os esforços actuais para promover a BDPA, espera-se que a produção aumente significativamente.

2.2.2. Distribuição de BDPA na Nigéria

A distribuição de BDPA na Nigéria é efectuada através de vários canais, apoiados por iniciativas governamentais, ONG e organizações internacionais.

• Programas governamentais: O governo nigeriano, através do Ministério da Agricultura e do Desenvolvimento Rural, promove a produção de BDPA como parte da sua estratégia para combater a subnutrição e melhorar a saúde pública. Para o efeito, são distribuídas videiras de BDPA aos pequenos agricultores, sobretudo nas regiões onde a DVA é predominante. Os serviços de extensão agrícola dirigidos pelo Governo também dão formação sobre as melhores práticas de cultivo de BDPA.

• Apoio de ONGs e organizações internacionais: Organizações como a "HarvestPlus", "CIP" e a "Bill & Melinda Gates Foundation" são fundamentais na distribuição de materiais de plantação de BDPA e na sensibilização para os seus benefícios nutricionais. Trabalham em estreita colaboração com os governos locais, institutos de investigação e agricultores para garantir que a BDPA chega às comunidades que mais precisam dela.

• Envolvimento do sector privado: Nos últimos anos, as empresas do sector privado começaram a investir na cadeia de valor das BDPA, reconhecendo o potencial dos produtos à base de BDPA, como a farinha, o puré e os snacks. Estas empresas estão a trabalhar para desenvolver mercados comerciais para os produtos de BDPA, o que, por sua vez, impulsiona a procura da cultura.

2.3. Variedades, origem, caraterísticas e utilizações das BDPA: Contexto mundial e nigeriano

A nível mundial, foram desenvolvidas várias variedades de BDPA através de programas de melhoramento iniciados por instituições de investigação como o Centro Internacional da Batata (CIP) e outros organismos agrícolas. Estas variedades foram concebidas para responder a necessidades nutricionais e agronómicas, como a resistência a pragas, a tolerância à seca e rendimentos elevados.

2.3.1. Resisto (EUA)

• Origem: Desenvolvido nos Estados Unidos.

• Caraterísticas: A Resisto é uma das primeiras variedades de BDPA e é conhecida pela sua polpa alaranjada profunda, alto teor de beta-caroteno, pele lisa e rendimento moderado. É também resistente a algumas pragas e doenças comuns.

• Utilizações: Utilizado principalmente para consumo fresco e transformação em batatas fritas, puré e batatas fritas.

2.3.2. Beauregard (Estados Unidos)

• Origem: Desenvolvido nos Estados Unidos.

• Caraterísticas: A Beauregard é uma variedade amplamente cultivada, de elevado rendimento, resistente às doenças e com uma forma de raiz atractiva. A sua cor laranja profunda indica um elevado nível de beta-caroteno, tornando-a uma escolha popular para intervenções nutricionais.

• Utilizações: Muito utilizado na indústria alimentar para produtos como batatas fritas de batata-doce e snacks.

2.3.3. Kabode (África Oriental)

• Origem: Desenvolvido pela CIP no Uganda.

• Caraterísticas: A Kabode é uma variedade de BDPA de alto rendimento com elevado teor de beta-caroteno. Está bem adaptada às condições de cultivo da África Oriental e é amplamente utilizada em programas de nutrição destinados a reduzir a DVA.

• Utilizações: Cultivada para consumo doméstico e utilizada em programas de alimentação escolar.

2.3.4. TIB-440060 (África Oriental)

• Origem: Desenvolvido pelo CIP no Uganda.

• Caraterísticas: Esta variedade é tolerante à seca e adaptada a uma grande variedade de ambientes na África Subsariana. A sua cor laranja intensa reflecte o seu elevado teor de betacaroteno, pelo que é altamente recomendada para regiões com secas frequentes.

• Utilizações: Utilizado principalmente nas zonas rurais para fins nutricionais.

2.3.5. Vita (Moçambique)
- Origem: Lançado em Moçambique pelo CIP.
- Caraterísticas: A Vita é uma variedade de BDPA resistente à seca que amadurece cedo e produz rendimentos elevados. É amplamente utilizada em Moçambique como parte da estratégia nacional de segurança alimentar.
- Utilizações: Utilizado para consumo em fresco e nos mercados locais.

2.3.6. SPK004 (Quénia)
- Origem: Desenvolvido no Quénia.
- Caraterísticas: A SPK004 é uma variedade de BDPA amplamente cultivada no Quénia, conhecida pelos seus elevados níveis de beta-caroteno e adaptabilidade a várias zonas agro-ecológicas. É habitualmente utilizada em intervenções sanitárias destinadas a melhorar a nutrição infantil.
- Utilizações: Integrado em programas nacionais e regionais de nutrição.

2.4 Variedades de batata-doce de polpa alaranjada na Nigéria
A Nigéria introduziu várias variedades de BDPA para combater a DVA, especialmente entre as crianças e as mulheres grávidas. As variedades foram desenvolvidas em colaboração com organizações internacionais, como o CIP, e instituições de investigação locais, como o National Root Crops Research Institute (NRCRI).

2.4.1. Série UMUSPO (Nigéria)
A série "UMUSPO" é constituída por três variedades populares de BDPA desenvolvidas pelo NRCRI para satisfazer as necessidades dos agricultores nigerianos e fazer face à DVA.

UMUSPO01 ("King J")
- Caraterísticas: É uma variedade de cor alaranjada intensa, o que indica um elevado teor de beta-caroteno. É resistente às doenças, tem um rendimento elevado e é ideal para consumo em fresco.
- Utilizações: Recomendado para hortas domésticas e pequenas explorações agrícolas.

UMUSPO02 ("Delícia de Mãe")
- Caraterísticas: Conhecida pela sua tolerância à seca e alta produtividade, a UMUSPO02 é adequada para as diversas zonas agro-ecológicas da Nigéria. Armazena-se bem após a colheita, o que a torna uma boa opção para a agricultura comercial.
- Utilizações: Utilizado habitualmente na transformação de farinha e puré.

UMUSPO03 ("Solo Gold")
- Caraterísticas: O Solo Gold é de alto rendimento e resistente a pragas, com polpa alaranjada profunda rica em beta-caroteno. É popular tanto em sistemas de sequeiro como de regadio.
- Utilizações: Utilizada para consumo fresco e transformação em vários produtos à base de BDPA.

2.4.2. Ex-Igbariam
- Origem: Desenvolvido na Nigéria.
- Caraterísticas: O Ex-Igbariam tem uma polpa laranja brilhante e níveis moderados de betacaroteno. É relativamente fácil de cultivar e ganhou popularidade na Nigéria devido à sua adaptabilidade e bom rendimento.
- Utilizações: Consumido fresco e transformado em produtos como puré e batatas fritas.

2.4.3. PCI-Tanzânia (PCI-Tz)
- Origem: Introduzido na Tanzânia.
- Caraterísticas: O CIP-Tanzânia é resistente à seca e tem uma polpa cor de laranja profunda com elevado teor de beta-caroteno. Adapta-se bem às regiões semi-áridas do norte da Nigéria.
- Utilizações: Utilizado principalmente no consumo doméstico e em programas de nutrição dirigidos a comunidades rurais.

2.5 . Políticas governamentais e iniciativas agrícolas na Nigéria
O governo nigeriano, em colaboração com organizações internacionais e institutos de investigação locais, tem vindo a concentrar-se cada vez mais na promoção da batata-doce de polpa alaranjada (OFSP) para combater a desnutrição, particularmente a deficiência de vitamina A (VAD). Foram implementadas várias políticas e iniciativas para incentivar a produção, transformação e consumo de

BDPA, reconhecendo o seu potencial para melhorar a segurança alimentar e a saúde pública. Segue-se uma panorâmica das principais políticas e iniciativas governamentais relativas às BDPA na Nigéria.

2.5.1. Política Nacional de Alimentação e Nutrição (2016)
> Visão geral: A Política Nacional de Alimentação e Nutrição tem como objetivo tratar a desnutrição através de uma abordagem multi-setorial que inclui a biofortificação de culturas como a BDMF. A política reconhece a BDPA como uma cultura chave na luta contra a DVA, especialmente nas áreas rurais onde a deficiência é mais prevalente.
> Pontos-chave:
> Promoção de culturas biofortificadas, incluindo as BDPA, nos programas agrícolas.
> Integração das BDPA nos programas de alimentação escolar para melhorar a nutrição das crianças.
> Apoio aos pequenos agricultores que cultivam BDPA através do acesso a sementes, formação e serviços de extensão.
> Impacto nas BDPA: A política conduziu a uma maior sensibilização e inclusão das BDPA em vários programas de nutrição governamentais e não governamentais

2.5.2. Agenda de Transformação Agrícola (ATA) (2011-2015)
• Visão geral: No âmbito da Agenda de Transformação Agrícola (ATA), o governo nigeriano procurou reposicionar a agricultura como um motor essencial do desenvolvimento económico. Uma das componentes desta agenda era a promoção de culturas biofortificadas, como as BDPA, para garantir a segurança alimentar e reduzir a subnutrição.
• Pontos-chave:
> Integração da BDPA nos programas de desenvolvimento das culturas de raízes e tubérculos.
> Apoio à investigação, à distribuição de sementes e à adoção das BDPA pelos agricultores.
> Promoção de indústrias de transformação de BDPA para criar produtos de valor acrescentado.
- Impacto na PSOF: A ATA proporcionou o quadro para o desenvolvimento de várias iniciativas da PSOF, incluindo parcerias com instituições de investigação e agências de desenvolvimento.

2.5.3. Iniciativas do Instituto Nacional de Investigação das Culturas Radiculares (NRCRI)
> Visão geral: O National Root Crops Research Institute (NRCRI) é a principal instituição responsável pelo desenvolvimento e promoção das BDPA na Nigéria. O NRCRI lançou diversas variedades de BDPA, incluindo a UMUSPO01, UMUSPO02 e UMUSPO03, que são amplamente cultivadas em todo o país.
> Pontos-chave:
> Investigação e desenvolvimento de variedades de BDPA de elevado rendimento, resistentes a doenças e ricas em beta-caroteno.
> Parcerias com organizações internacionais como o Centro Internacional da Batata (CIP) e o HarvestPlus para promover a adoção da BDPA.
> Programas de formação para agricultores sobre os benefícios das BDPA, as melhores práticas agrícolas e as técnicas de transformação pós-colheita.
> Impacto na BDPA: O trabalho do NRCRI tem sido fundamental para aumentar a produção de BDPA e garantir a sua disponibilidade para os agricultores em toda a Nigéria.

2.5.4. Programas HarvestPlus e de biofortificação
• Visão geral: O HarvestPlus é um ator importante nos esforços de biofortificação na Nigéria, trabalhando com o governo para promover o cultivo e o consumo de BDPA. Através do *Programa de Biofortificação*, o HarvestPlus faz parceria com o governo nigeriano para integrar a BDPA nas políticas agrícolas e nos programas de nutrição.
• Pontos-chave:
> Colaboração com o governo nigeriano para distribuir variedades biofortificadas de OSP aos pequenos agricultores.
> Integração das BDPA nos programas de alimentação escolar e campanhas de sensibilização do público para os benefícios das culturas biofortificadas.

> Promoção do consumo de BDPA através do desenvolvimento da cadeia de valor, do apoio às indústrias de transformação e das ligações ao mercado.
- Impacto na BDPA: O HarvestPlus desempenhou um papel fundamental na expansão da produção de BDPA na Nigéria, nomeadamente na promoção dos seus benefícios para a saúde e do seu potencial económico.

2.5.5. Plano Estratégico Nacional de Ação para a Nutrição (NSPAN) (2014-2019)

• Visão geral: O NSPAN é um quadro desenvolvido pelo governo nigeriano para combater a malnutrição, com ênfase na melhoria da ingestão de micronutrientes através da biofortificação e da diversificação da dieta. A BDPA foi identificada como uma cultura de intervenção fundamental nesta estratégia.
• Pontos-chave:
> Inclusão das BDPA em programas dirigidos a populações vulneráveis, como as mulheres e as crianças
> Colaboração com os ministérios da saúde e as agências agrícolas para promover as BDPA como parte de uma dieta equilibrada.
> Reforço das parcerias com organizações internacionais para aumentar a distribuição e a adoção das BDPA.
- Impacto na BDPA: A NSPAN contribuiu para o aumento da utilização da BDPA nos programas de nutrição conduzidos pelo governo, nomeadamente nas zonas rurais e nas zonas mal servidas.

2.5.6. Programas de alimentação escolar

> Visão geral: O Programa Nacional de Alimentação Escolar (NHGSFP) do governo nigeriano tem como objetivo fornecer refeições nutritivas às crianças em idade escolar, apoiando simultaneamente os agricultores locais. A BDPA foi incluída neste programa como uma cultura biofortificada para melhorar a ingestão nutricional das crianças, particularmente nos estados com elevadas taxas de DVA.
> Pontos-chave:
> Utilização de BDPA cultivadas localmente nas refeições escolares para melhorar a ingestão de vitamina A pelas crianças.
> Parcerias com os produtores locais de BDPA para abastecer as escolas, dinamizando assim as economias locais.
> Campanhas de educação nas escolas sobre os benefícios para a saúde das BDPA.
> Impacto na BDPA: A inclusão da BDPA nos programas de alimentação escolar aumentou a sensibilização para os seus benefícios nutricionais e aumentou o seu consumo entre as crianças em idade escolar.

2.5.7. Programa de Desenvolvimento da Cadeia de Valor da BDPA (2015-presente)

> Visão geral: Em colaboração com o Centro Internacional da Batata (CIP) e outros parceiros, o governo nigeriano lançou iniciativas para desenvolver a cadeia de valor da BDPA. O objetivo é melhorar a produção, a transformação e a comercialização para aumentar o potencial económico da BDPA.
> Pontos-chave:
> Formação dos agricultores sobre as melhores práticas agronómicas e o manuseamento pós-colheita.
> Apoio às pequenas indústrias de transformação de BDPA, tais como as que produzem puré, farinha e batatas fritas de BDPA.
> Desenvolvimento de ligações de mercado para aumentar a procura de produtos de BDPA, tanto a nível local como internacional.
> Impacto na BDPA: O programa de desenvolvimento da cadeia de valor da BDPA reforçou a integração da BDPA na economia agrícola da Nigéria, conduzindo a uma melhoria dos meios de subsistência dos agricultores e dos transformadores.

2.5.8. Política de promoção agrícola da Nigéria (APP) (2016-2020)

• Panorama geral: Também conhecido como a Alternativa Verde, o APP procurou aproveitar os

êxitos da ATA, promovendo a diversificação agrícola. A BDPA foi incluída como parte da estratégia de biofortificação e segurança alimentar.
• Pontos-chave:
> Promoção das BDPA nas cadeias de valor agrícolas para melhorar a segurança alimentar e os resultados nutricionais.
> Concentrar-se na expansão da adoção das BDPA entre os pequenos agricultores através de programas de distribuição de sementes.
> Desenvolvimento de parcerias público-privadas para promover a transformação e a comercialização das BDPA.
- Impacto nas BDPA: O enfoque do APP na diversificação e biofortificação proporcionou um quadro para a expansão da produção e comercialização de BDPA na Nigéria.

2.6. Procura no mercado e importância económica das BDPA na Nigéria

A batata-doce de polpa alaranjada (OFSP) emergiu como uma cultura significativa na Nigéria devido ao seu elevado valor nutricional e adaptabilidade às condições locais de cultivo. O seu papel no combate à deficiência de vitamina A e os seus potenciais benefícios económicos aumentaram o interesse dos agricultores, dos decisores políticos e dos intervenientes no mercado. Segue-se uma análise da procura no mercado e da importância económica da BDPA na Nigéria.

2.6.1. Procura de OFSP no mercado

- Necessidade nutricional
> Deficiência de Vitamina A: A Nigéria tem uma das taxas mais elevadas de deficiência de vitamina A (DVA) a nível mundial, afectando particularmente as crianças e as mulheres grávidas. A BDPA é rica em beta-caroteno, que o corpo converte em vitamina A. Isto faz da BDPA um componente crítico dos programas de nutrição destinados a melhorar a saúde pública (Low et al., 2017).
> Programas de saúde pública: A BDPA é frequentemente incluída em programas de alimentação escolar, iniciativas de saúde materna e infantil e projectos de nutrição comunitária. A sua inclusão nestes programas ajuda a satisfazer as necessidades nutricionais das populações vulneráveis (Ministério Federal da Educação, 2020).
- Preferências dos consumidores
> Sabor e versatilidade: A BDPA é preferida pelos consumidores pelo seu sabor doce e versatilidade na cozinha. Pode ser utilizada numa variedade de pratos, incluindo sopas, guisados e produtos de pastelaria. Esta versatilidade ajuda a manter uma procura constante por parte dos consumidores (Harper & Biles, 2019).
> Campanhas de sensibilização: O aumento da consciencialização sobre os benefícios para a saúde das BDPA através de campanhas governamentais e de ONGs levou a uma maior aceitação e procura por parte dos consumidores (CIP, 2020).
- Penetração no mercado
> Mercados urbanos e rurais: A BDPA está disponível tanto nos mercados urbanos como nos rurais. Enquanto as zonas urbanas oferecem um maior potencial de mercado devido ao maior poder de compra, as zonas rurais têm uma procura consistente devido ao consumo local e aos usos culinários tradicionais (Adesina et al., 2022).
> Demanda de processamento: Há um interesse crescente em produtos transformados à base de BDPA, tais como farinha, puré e snacks. Esta procura é impulsionada pela necessidade de produtos de valor acrescentado que possam aumentar a segurança alimentar e criar oportunidades económicas (HarvestPlus, 2021).

2.6.2. Importância económica da BDPA
> Impacto económico nos agricultores
> Geração de rendimentos: O cultivo de BDPA constitui uma fonte de rendimento para os pequenos agricultores. As suas necessidades relativamente baixas em termos de factores de produção e a sua adaptabilidade a vários tipos de solo tornam-na uma cultura viável para muitos agricultores, incluindo os que vivem em regiões agrícolas menos favoráveis (NRCRI, 2020).

> Diversificação de culturas: Como parte das estratégias de diversificação de culturas, as BDPA ajudam os agricultores a reduzir o risco e a melhorar a sua resiliência às flutuações do mercado e à variabilidade climática (Andrade et al., 2009).
> Oportunidades de emprego
> Desenvolvimento da cadeia de valor: A cadeia de valor das BDPA, incluindo a produção, a transformação e a comercialização, gera oportunidades de emprego nas zonas rurais. Instalações de processamento, transporte e empregos no retalho contribuem para o desenvolvimento económico local (CIP, 2020).
> Desenvolvimento de competências: Os programas de formação para o cultivo e transformação de BDPA ajudam a desenvolver competências e capacidades entre os agricultores e empresários, contribuindo para o crescimento económico e a redução da pobreza (HarvestPlus, 2021).
> Contribuição para a segurança alimentar
> Estabilidade do abastecimento: A BDPA pode ser cultivada durante todo o ano e é relativamente resistente a pragas e doenças em comparação com outras culturas. Isto contribui para um abastecimento alimentar estável e aumenta a segurança alimentar (Woolfe, 1992).
> Segurança nutricional: Ao fornecer uma fonte rica de beta-caroteno, a BDPA ajuda a melhorar o estado nutricional da população, reduzindo o peso económico dos problemas de saúde relacionados com a desnutrição (Low et al., 2017).
> Crescimento económico e investimento
> Atrair investimento: A procura crescente de BDPA atraiu investimentos em investigação, desenvolvimento e infra-estruturas de transformação. As parcerias público-privadas e os projectos financiados por doadores impulsionaram os investimentos no sector das BDPA (Ministério Federal da Agricultura e do Desenvolvimento Rural, 2020).
> Potencial de exportação: Embora seja consumida principalmente no mercado interno, existe potencial para a exportação de BDPA para outros países da África Ocidental, o que pode aumentar ainda mais a sua importância económica (Adesina et al., 2022).

2.6.3. Requisitos climáticos e de solo para a produção de BDPA

Requisitos climáticos

A BDPA desenvolve-se melhor em climas tropicais quentes. A faixa de temperatura ideal para seu crescimento é entre 24°C e 30°C, com o crescimento diminuindo significativamente quando as temperaturas caem abaixo de 15°C (International Potato Center, 2018). É necessária uma precipitação adequada entre 750 e 1.000 mm por ano, com um padrão bem distribuído ao longo da estação de crescimento para evitar o stress hídrico (Low et al., 2009). Nas regiões mais secas, a irrigação suplementar é crucial. A BDPA requer um longo período de crescimento sem geadas, normalmente de 3 a 5 meses, dependendo da variedade e das condições ambientais. A cultura também tem um melhor desempenho sob exposição solar total (Islam et al., 2018).

Requisitos do solo

A BDPA é adaptável a diferentes tipos de solo, mas tem melhor desempenho em solos franco-arenosos ou franco-argilosos leves e bem drenados (International Potato Center, 2018). Prefere solos ligeiramente ácidos a neutros, com um intervalo de pH ótimo de 5,5 a 6,8 (Low et al., 2009). Os solos com elevado teor de matéria orgânica são essenciais, e a cultura é sensível a deficiências de azoto e fósforo. Recomenda-se a aplicação de fertilizantes, especialmente em solos deficientes em fósforo, para melhorar o rendimento das raízes
(Islam et al., 2018). A drenagem adequada é fundamental para evitar o encharcamento, que pode levar ao apodrecimento das raízes. Em áreas propensas a uma drenagem deficiente, podem ser utilizados canteiros elevados ou cumes para melhorar o arejamento do solo e o desenvolvimento das raízes (Low et al., 2009)

CAPÍTULO 3
ZONAS CLIMÁTICAS ADEQUADAS PARA A PRODUÇÃO DE OFSP NA NIGÉRIA
A BDPA pode ser cultivada em várias zonas agro-ecológicas na Nigéria, cada uma oferecendo condições favoráveis para a sua produção:
3.1. Zona de floresta húmida
A zona húmida da floresta tropical no sul da Nigéria é ideal para o cultivo de BDPA devido à sua elevada precipitação (mais de 1.500 mm anuais) e temperaturas quentes (24°C a 30°C). A precipitação e a temperatura consistentes nesta zona apoiam a produção durante todo o ano, tornando-a uma das áreas mais adequadas para as BDPA (Ado et al., 2019).
3.2. Zona de savana derivada
Localizada entre a floresta tropical e a savana da Guiné, a savana derivada tem uma precipitação moderada (1.000 a 1.500 mm anuais) e temperaturas que variam entre 25°C e 30°C. Esta zona oferece um equilíbrio entre humidade adequada e pressão reduzida de doenças, tornando-a favorável à produção de BDPA (International Potato Center, 2018).
3.3. Zona da Savana da Guiné
A zona da savana da Guiné, situada no centro da Nigéria, recebe uma precipitação moderada (800 a 1.200 mm por ano) e tem temperaturas quentes (23°C a 30°C). As BDPA podem prosperar nesta zona, especialmente quando a irrigação é aplicada durante a estação seca (Low et al., 2009). A fertilidade do solo nesta zona também favorece o desenvolvimento das raízes dos tubérculos.
3.4. Zona da Savana do Sudão
No norte da Nigéria, a savana do Sudão tem uma precipitação mais baixa (500 a 800 mm anuais) e temperaturas mais elevadas (25°C a 35°C). Embora as condições mais secas possam limitar a produção de sequeiro, a BDPA ainda pode ser cultivada com sucesso nesta zona com a ajuda de sistemas de irrigação (Ado et al., 2019).
De um modo geral, as zonas de floresta húmida, savana derivada e savana da Guiné são as mais adequadas para a produção de BDPA, devido à sua pluviosidade e amplitude térmica favoráveis. No entanto, com irrigação, a produção também é viável na savana do Sudão.

CAPÍTULO 4
TIPO DE SOLO E PREPARAÇÃO PARA UM CRESCIMENTO ÓPTIMO
4.1. Tipo de solo
A batata-doce de polpa alaranjada (OFSP) desenvolve-se melhor em solos bem drenados, franco-arenosos ou franco-argilosos com uma estrutura solta, o que permite uma fácil expansão dos tubérculos. Estes solos são ideais para a BDPA porque proporcionam um bom arejamento e reduzem o risco de encharcamento (Low et al., 2009). Os solos argilosos pesados não são adequados, pois tendem a reter água, o que pode levar a um fraco desenvolvimento das raízes e à podridão dos tubérculos. Além disso, as BDPA preferem solos com um teor moderado de matéria orgânica e um pH entre 5,5 e 6,8, o que favorece o crescimento saudável das plantas e a disponibilidade de nutrientes (International Potato Center, 2018).

4.2. Preparação do solo
A preparação adequada do solo é crucial para se obterem rendimentos óptimos de BDPA. Os passos seguintes asseguram que o solo é adequado para o cultivo de BDPA:
> Limpeza do terreno e lavoura: Comece por limpar o campo de quaisquer ervas daninhas, pedras ou detritos. A isto pode seguir-se uma lavoura profunda (até 20-30 cm) para soltar o solo e melhorar o arejamento. A lavoura também ajuda a quebrar as camadas compactadas e promove uma melhor penetração das raízes (Ado et al., 2019).
> Formação de cumes ou montes: Devem ser formados canteiros, cumes ou montes elevados, particularmente em áreas propensas a encharcamento. Estas estruturas elevadas garantem que as raízes permanecem acima da água parada e melhoram a drenagem do solo, o que é vital para o desenvolvimento saudável dos tubérculos (Low et al., 2009).
> Aplicação de matéria orgânica: A incorporação de matéria orgânica, como composto ou estrume, no solo aumenta a sua fertilidade e melhora a capacidade de retenção de água. Recomenda-se a aplicação de cerca de 20-30 toneladas de estrume orgânico por hectare antes da plantação (International Potato Center, 2018).
> Ajuste do pH do solo: Se o solo for demasiado ácido (abaixo de pH 5,5), pode ser aplicada cal para aumentar o pH para um nível ótimo. Do mesmo modo, em solos demasiado alcalinos, pode ser adicionado enxofre para baixar o pH (Ado et al., 2019).

4.3. Gestão de nutrientes
A BDPA requer nutrientes adequados para um crescimento ótimo, especialmente azoto, fósforo e potássio. Recomenda-se a aplicação de fertilizantes com base em testes de solo. Um fertilizante NPK equilibrado (por exemplo, 12:24:12) pode ser aplicado na plantação para promover o desenvolvimento da videira e das raízes. Pode ser necessária uma cobertura adicional com fertilizante azotado durante a estação de crescimento (International Potato Center, 2018).

4.4. Gestão da água e práticas de irrigação
A gestão eficaz da água é crucial para o crescimento ótimo e o desenvolvimento dos tubérculos da BDPA. Tanto o excesso de água como o stress hídrico podem afetar negativamente o rendimento e a qualidade da cultura. Seguem-se as principais práticas de gestão da água e de irrigação para garantir o êxito da produção de BDPA:

4.4.1. Necessidades de água
A BDPA requer uma quantidade moderada de água ao longo do seu período de crescimento. A cultura tem um melhor desempenho com 750 a 1.000 mm de precipitação distribuída uniformemente por ano (International Potato Center, 2018). O stress da seca, particularmente durante as fases de iniciação e enchimento dos tubérculos, pode reduzir o rendimento dos tubérculos, enquanto o excesso de água pode levar à podridão das raízes. Assim, é necessária uma gestão adequada da água para garantir que os níveis de humidade do solo são adequados às necessidades da cultura.

Fases críticas de rega
Há fases específicas de crescimento em que a BDPA é particularmente sensível à disponibilidade de

água:
> Estabelecimento inicial (primeiras 2-3 semanas): Durante este período, a humidade adequada do solo é fundamental para assegurar o bom estabelecimento das videiras e o desenvolvimento das raízes (Low et al., 2009).
> Iniciação e enchimento dos tubérculos (4-8 semanas após a plantação): Esta fase é a mais crucial para o abastecimento de água, uma vez que a formação e o desenvolvimento dos tubérculos requerem humidade suficiente para garantir rendimentos elevados. O stress hídrico nesta fase pode causar uma formação irregular dos tubérculos e reduzir o seu tamanho (Ado et al., 2019).

Práticas de irrigação
Em regiões com precipitação inadequada ou inconsistente, é necessária uma irrigação suplementar para manter níveis óptimos de humidade no solo. As seguintes práticas de irrigação são comuns na produção de BDPA:
> Irrigação por gotejamento: A irrigação por gotejamento é um dos métodos mais eficientes para o fornecimento de água no cultivo de OFSP. Garante que a água é aplicada diretamente na zona radicular, minimizando a perda de água devido à evaporação e ao escoamento. Este método também ajuda a evitar a rega excessiva, que pode levar ao alagamento (Ado et al., 2019)
> Irrigação por sulcos: A rega por sulcos envolve a criação de valas pouco profundas entre camalhões ou canteiros elevados. A água é canalizada através destes sulcos, permitindo que se infiltre no solo e chegue às raízes das plantas. Este método é normalmente utilizado em zonas com menor disponibilidade de água, mas requer uma gestão cuidadosa para evitar o encharcamento (Low et al., 2009)
> Irrigação por aspersão: Os sistemas de aspersão podem ser utilizados para fornecer uma distribuição uniforme da água numa área maior. No entanto, este método pode aumentar a humidade à volta das plantas, promovendo potencialmente doenças fúngicas. Portanto, deve ser usado com cautela, especialmente em regiões húmidas (International Potato Center, 2018).

Técnicas de gestão da água
> Cobertura vegetal: A aplicação de cobertura vegetal orgânica ou plástica pode ajudar a conservar a humidade do solo, reduzir evaporação e minimizar o crescimento de ervas daninhas. As coberturas orgânicas, como a palha ou a relva, também melhoram a estrutura do solo e adicionam nutrientes à medida que se decompõem (Low et al., 2009).
> Monitorização da humidade do solo: A monitorização dos níveis de humidade do solo é importante para evitar a irrigação excessiva ou insuficiente. Ferramentas como tensiômetros ou sensores de umidade do solo podem ser usadas para garantir que o solo permaneça no nível de umidade apropriado para o crescimento da BDPA (Ado et al., 2019).

Gestão de drenagem
O excesso de água no solo pode levar ao encharcamento, o que afecta negativamente a qualidade dos tubérculos e promove doenças radiculares. Devem ser utilizados sistemas de drenagem adequados, tais como canteiros elevados ou cumeeiras, em áreas propensas a chuvas fortes ou má drenagem (International Potato Center, 2018).

4.4. Práticas agrícolas sustentáveis para a produção de BDPA

As alterações climáticas colocam desafios significativos à produção agrícola, incluindo o cultivo de batata-doce de polpa alaranjada (OFSP). O aumento das temperaturas, a precipitação irregular e os fenómenos meteorológicos extremos ameaçam o rendimento das culturas e a saúde dos solos. Para enfrentar esses desafios, as práticas agrícolas sustentáveis são cruciais para aumentar a resiliência e garantir a produtividade contínua. Seguem-se as práticas sustentáveis que podem ser adoptadas para a produção de BDPA no contexto das alterações climáticas:
• Variedades tolerantes à seca e resistentes ao clima
A adoção de variedades de BDPA que sejam tolerantes à seca e a outros stresses relacionados com o clima é uma estratégia fundamental para mitigar os efeitos das alterações climáticas. Os programas de melhoramento desenvolveram variedades de BDPA resistentes à seca que são mais resilientes ao stress

hídrico, permitindo aos agricultores manter os rendimentos mesmo em regiões com precipitação irregular (International Potato Center, 2018).
- Agroflorestação e culturas intercalares

A integração da produção de BDPA com sistemas agroflorestais ou consorciados pode melhorar a fertilidade do solo, reduzir a erosão e aumentar a biodiversidade. A cultura intercalar de BDPA com leguminosas como o feijão-frade ou o amendoim pode ajudar a fixar o azoto no solo, melhorando a saúde do solo e reduzindo a necessidade de fertilizantes sintéticos (Ado et al., 2019). Os sistemas agroflorestais, que envolvem a plantação de árvores ao lado das culturas, ajudam a estabilizar o microclima, proporcionam sombra e melhoram a retenção de água no solo.
- Técnicas de conservação do solo

As alterações climáticas podem levar à degradação dos solos através da erosão, da desertificação e do esgotamento de nutrientes. Para manter a saúde e a fertilidade do solo para a produção de BDPA, os agricultores devem adotar as seguintes técnicas de conservação do solo
- Agricultura de contorno: A plantação de BDPA ao longo das curvas de nível de terrenos inclinados ajuda a reduzir a erosão do solo, retardando o escoamento da água durante chuvas fortes (Low et al., 2009).
- Lavoura de conservação: As práticas de lavoura mínima ou de plantio direto preservam a estrutura do solo, reduzem a erosão e melhoram a retenção de água. Estes métodos também aumentam o teor de matéria orgânica, o que favorece um melhor ciclo de nutrientes e o sequestro de carbono (International Potato Center, 2018).
- Gestão da água e irrigação eficiente

Com a mudança dos padrões de precipitação, a gestão eficaz da água é crucial para a produção sustentável de BDPA. Métodos de irrigação sustentáveis, como a irrigação por gotejamento, reduzem o uso de água, fornecendo umidade diretamente às raízes das plantas, minimizando a evaporação e conservando os recursos hídricos (Ado et al., 2019). Em áreas propensas à seca, os sistemas de captação de água da chuva podem capturar e armazenar água da chuva para uso durante os períodos de seca.
- Fertilização orgânica e compostagem

A utilização de fertilizantes orgânicos, como o composto ou o estrume, melhora a fertilidade do solo, reduzindo a dependência de insumos químicos. A matéria orgânica aumenta a capacidade de retenção de água do solo, melhora a sua estrutura e contribui para o sequestro de carbono, sendo todos estes factores vitais para mitigar os impactos das alterações climáticas na produção de BDPA (Low et al., 2009). Além disso, a compostagem dos resíduos das culturas dos campos de BDPA ajuda a devolver os nutrientes ao solo.
- Rotação e diversificação das culturas

A prática da rotação de culturas ajuda a quebrar os ciclos de pragas e doenças, reduz a depleção de nutrientes do solo e promove a saúde do solo a longo prazo. A rotação da BDPA com outras culturas, como leguminosas ou cereais, pode restaurar a fertilidade do solo e reduzir a acumulação de pragas específicas da batata-doce (Centro Internacional da Batata, 2018). A diversificação das culturas também aumenta a resiliência às flutuações do mercado e do clima, proporcionando aos agricultores fontes alternativas de rendimento e segurança alimentar.
- Gestão integrada de pragas e doenças (IPM)

As alterações climáticas podem levar à proliferação de pragas e doenças, ameaçando os rendimentos das BDPA. A gestão integrada de pragas e doenças (IPM) combina métodos de controlo biológico, cultural e químico para reduzir o impacto das pragas. Práticas como a rotação de culturas, a consociação de culturas e a utilização de variedades resistentes de BDPA podem minimizar a pressão das pragas. Agentes de controlo biológico, como insectos e microrganismos benéficos, podem ser introduzidos para controlar as pragas sem depender de produtos químicos nocivos (Ado et al., 2019).
- Utilização de culturas de cobertura e de cobertura vegetal

A cobertura vegetal com materiais orgânicos, como resíduos de culturas ou erva, ajuda a conservar a

humidade do solo, a reduzir o crescimento de ervas daninhas e a proteger o solo da erosão. As culturas de cobertura, como as leguminosas ou as gramíneas, podem ser cultivadas durante a época baixa para proteger o solo, fixar o azoto e melhorar a estrutura do solo. Estas práticas também contribuem para o sequestro de carbono e ajudam a mitigar os efeitos das alterações climáticas (International Potato Center, 2018).
* Tecnologias agrícolas inteligentes em termos climáticos

A adoção de tecnologias inteligentes do ponto de vista climático, tais como ferramentas de previsão meteorológica e sistemas de alerta precoce, permite aos agricultores tomar decisões informadas sobre os calendários de plantação e irrigação. As ferramentas digitais para monitorizar a humidade e a temperatura do solo podem ajudar a otimizar a gestão da água e dos nutrientes na produção de BDPA (Low et al., 2009).

4.5. Guia de plantação

4.5.1. Seleção do local

A seleção do local certo é fundamental para maximizar o rendimento e a qualidade da batata-doce de polpa alaranjada (BDPA). Os seguintes factores devem ser considerados na escolha de um local para a produção de BDPA:

Tipo de solo e fertilidade

A BDPA prospera em solos bem drenados, franco-arenosos ou argilosos, que permitem um bom desenvolvimento das raízes e reduzem o risco de encharcamento, que pode levar à podridão radicular (Low et al., 2009). Os solos ricos em matéria orgânica são ideais, uma vez que fornecem nutrientes essenciais e aumentam a capacidade de retenção de água do solo. Além disso, os solos com um pH ligeiramente ácido a neutro (5,5 a 6,8) são preferidos para uma disponibilidade óptima de nutrientes e para o crescimento das plantas (International Potato Center, 2018). Evitar solos com má drenagem ou camadas compactadas, que podem inibir a expansão dos tubérculos.

4.5.2. Topografia

O local deve ter um declive suave ou terreno plano que promova uma boa drenagem, mas evite áreas propensas à acumulação de água. Encostas íngremes podem levar à erosão do solo e à perda de nutrientes, o que tem um impacto negativo na produção de BDPA (Ado et al., 2019). Em áreas com declives ligeiros, a agricultura de contorno ou terraceamento pode ser empregue para minimizar a erosão.

4.5.3. Clima

O local selecionado deve situar-se numa região com um clima quente (24°C a 30°C) e precipitação adequada (750 a 1.000 mm anuais). A BDPA é sensível a temperaturas extremas e à seca, pelo que é importante selecionar um local onde as temperaturas e as condições de humidade sejam favoráveis ao crescimento das plantas durante toda a estação de crescimento (International Potato Center, 2018).

4.5.4. Disponibilidade de água

A proximidade de uma fonte de água fiável é crucial, especialmente em regiões com precipitação irregular ou durante a estação seca. Ter acesso a instalações de irrigação, como poços, um rio ou sistemas de recolha de água da chuva, garante que a cultura recebe a humidade adequada durante as fases críticas de crescimento (Low et al., 2009). A irrigação pode mitigar os efeitos da seca e aumentar a produtividade em áreas com escassez de água.

4.5.5. Exposição à luz solar

A BDPA requer plena luz solar para uma fotossíntese óptima e para o desenvolvimento dos tubérculos. Um local com pelo menos 6-8 horas de luz solar por dia é o ideal. Áreas sombreadas ou locais próximos a árvores altas que podem bloquear a luz solar devem ser evitados, pois a luz solar inadequada pode reduzir o vigor e o rendimento das plantas (Ado et al., 2019).

4.5.6. Proximidade dos mercados e acessibilidade

O local deve estar situado numa área com bom acesso a mercados e redes de transporte. A proximidade dos mercados reduz as perdas pós-colheita e os custos de transporte, permitindo que os agricultores vendam seus produtos com mais eficiência (International Potato Center, 2018). Boas estradas e infra-estruturas também facilitam o fornecimento de insumos, como sementes, fertilizantes e equipamentos.

4.5.7. História do sítio:
Evitar selecionar locais com um historial de produção de batata-doce, pois isso pode aumentar o risco de acumulação de pragas e doenças no solo. O cultivo contínuo de batata-doce pode levar à acumulação de pragas como o gorgulho da batata-doce e doenças transmitidas pelo solo, como a sarna e os nemátodos (Low et al., 2009). Em vez disso, escolher um local que tenha sido usado para rotação de culturas ou pousio para reduzir a pressão de pragas e doenças.

4.6. Preparação e cultivo da terra
A preparação adequada da terra e as técnicas de cultivo são essenciais para maximizar o rendimento e a qualidade da batata-doce de polpa alaranjada (OFSP). Abaixo estão os passos recomendados para o sucesso do cultivo da BDPA:

4.6.1. Desbravamento e preparação inicial
• Remoção de ervas daninhas e detritos: Limpar o terreno de ervas daninhas, pedras, tocos de árvores e quaisquer resíduos de plantas de culturas anteriores para criar um campo limpo para o cultivo de BDPA. Este passo reduz a competição por nutrientes e minimiza os riscos de pragas (Low et al., 2009).

• Aração ou lavoura: A aragem profunda (até 20-30 cm) ajuda a soltar o solo, permitindo um melhor desenvolvimento das raízes e dos tubérculos. A lavoura melhora o arejamento do solo, a drenagem e a estrutura geral, criando condições ideais para o crescimento dos tubérculos (Ado et al., 2019). Quando a compactação do solo é um problema, pode ser necessária uma subsolagem adicional para quebrar as camadas compactadas.

4.6.2. Formação de cumes ou montes
• Camas elevadas: Devem ser formadas camas elevadas, cumes ou montes para melhorar a drenagem e evitar o alagamento, particularmente em áreas com chuvas fortes ou solos mal drenados (International Potato Center, 2018). Os tubérculos de BDPA desenvolvem-se melhor em estruturas de solo solto e bem drenado, e as cristas facilitam a expansão das raízes.

• Espaçamento: Criar camalhões ou montes espaçados de cerca de 75-100 cm para permitir um crescimento adequado da vinha e uma gestão fácil do campo. Cada camalhão deve ter 30-45 cm de altura e as covas de plantação devem estar espaçadas de 25-30 cm ao longo do camalhão (Low et al., 2009).

4.7. Seleção do material de plantação
- Selecionar e utilizar estacas de vinha frescas, limpas, saudáveis e sem doenças com 10-30 cm de comprimento para a plantação. As melhores videiras para plantação provêm da parte média da planta de batata-doce, que tem o potencial de crescimento mais vigoroso (Low et al., 2009). Utilizar estacas do ápice do caule (ponta) porque produzem melhor do que as do meio ou da base das videiras.

4.8. Operação de plantação
• Modo de plantação: Introduzir dois terços da vinha no solo, assegurando que fica bem coberta mas com a parte superior acima do solo. As videiras devem ser plantadas num ângulo inclinado para um melhor enraizamento. Isto favorece o estabelecimento rápido e a formação precoce de raízes (International Potato Center, 2018). Manter um espaço de 25-30 cm de distância ao longo da linha (cumeeira). Nos montículos, plantar 3 videiras por montículo.

• Época de plantação: Na agricultura de sequeiro, a BDPA deve ser plantada no início da estação das chuvas. Em áreas com irrigação, pode ser plantada durante todo o ano. A plantação durante períodos secos requer irrigação suplementar para um estabelecimento ótimo (Ado et al., 2019).

4.9. Gestão de ervas daninhas, pragas e doenças
4.9.1. Gestão de ervas daninhas
• Monda atempada: As ervas daninhas competem com as BDPA por nutrientes, água e luz solar, por isso é importante controlá-las regularmente, especialmente durante as primeiras 4-6 semanas após a plantação. A monda manual ou o uso de herbicidas selectivos podem ser utilizados para manter o

campo livre de ervas daninhas (Low et al., 2009).
• Cobertura vegetal: A aplicação de cobertura vegetal (orgânica ou plástica) ajuda a suprimir o crescimento de ervas daninhas, a conservar a humidade do solo e a melhorar a saúde do solo. A cobertura vegetal orgânica, como palha ou folhas, também adiciona nutrientes ao solo à medida que se decompõe (International Potato Center, 2018).

4.9.2. Gestão de pragas e doenças:
As mesmas pragas e doenças que afectam outras variedades de batata-doce também afectam a BDPA e também afectam todas as partes da cultura - raízes, caules e folhas.
Pragas
• Gorgulho da batata-doce (Cylas sp)
• Insectos que se alimentam das folhas, por exemplo, lagartas, escaravelhos, pulgões, etc.

Medidas de controlo das pragas
• Gestão Integrada de Pragas (IPM): Utilizar estratégias de GIP para reduzir a incidência de pragas como o gorgulho e as lagartas da batata-doce. Isto inclui a observação regular do campo, a rotação de culturas, o cultivo intercalar com culturas repelentes de pragas e medidas de controlo biológico (Ado et al., 2019). Outras medidas incluem a colheita atempada, a utilização de sementes limpas, o enchimento de terra para fechar as fendas.

Doenças
• Doença do vírus da batata-doce (SPVD)
• Mancha da folha
• Podridão radicular
• Podridão negra

Controlo de doenças
• Plantação de vinhas certificadas sem doenças
• A rotação de culturas e a prevenção da plantação consecutiva de BDPA no mesmo campo são estratégias essenciais para a gestão destas doenças (Low et al., 2009).
• Eliminação do vetor através da utilização de pesticidas

4.10. Gestão de nutrientes e aplicação de fertilizantes
A gestão eficaz dos nutrientes é fundamental para maximizar o rendimento e a qualidade das culturas de batata-doce de polpa alaranjada (OFSP). Este processo envolve garantir que o solo tenha níveis adequados de nutrientes essenciais, equilibrando o uso de fertilizantes orgânicos e inorgânicos para atender às necessidades das culturas sem causar degradação ambiental.

4.10.1. Requisitos de nutrientes essenciais para as BDPA
A BDPA, tal como outras variedades de batata-doce, requer um fornecimento equilibrado de macronutrientes e micronutrientes para um crescimento ótimo. Os nutrientes primários essenciais para o crescimento da batata-doce são o nitrogénio (N), o fósforo (P) e o potássio (K), geralmente referidos como NPK (Haque, et al 2014).

Azoto (N):
>O azoto é essencial para o crescimento vegetativo e contribui para o desenvolvimento das folhas e das videiras, que são importantes para a fotossíntese. No entanto, o excesso de azoto pode levar a um crescimento excessivo da videira em detrimento do desenvolvimento dos tubérculos, reduzindo o rendimento. Assim, a aplicação de azoto deve ser cuidadosamente gerida.
> As taxas de azoto recomendadas para a produção de batata-doce variam, mas situam-se normalmente entre 40-60 kg/ha, dependendo da fertilidade do solo e das condições locais.

Fósforo (P):
> O fósforo é fundamental para o desenvolvimento das raízes e a formação dos tubérculos. Apoia a transferência de energia dentro da planta e promove a maturidade precoce. As BDPA têm uma necessidade moderada de fósforo.
> As taxas de aplicação de fósforo variam entre 20-40 kg/ha.

Potássio (K):

> O potássio é crucial para melhorar a qualidade dos tubérculos, melhorar o tamanho e aumentar a resistência às doenças e ao stress ambiental. Também melhora a qualidade de armazenamento dos tubérculos, reforçando a sua integridade estrutural.
> O potássio é aplicado a taxas de 60-120 kg/ha, dependendo dos testes do solo.

Secundários e micronutrientes:
> O cálcio (Ca), o magnésio (Mg) e o enxofre (S) são nutrientes secundários necessários em quantidades moderadas. A BDPA também beneficia de micronutrientes como o zinco (Zn), o boro (B) e o ferro (Fe), que são frequentemente fornecidos através de matéria orgânica ou fertilizantes com micronutrientes.

4.10.2. Testes de solo e recomendações de fertilizantes

A análise do solo é crucial para determinar as necessidades específicas de nutrientes do solo antes da plantação de BDPA. Uma análise do solo pode indicar deficiências de nutrientes e ajudar os agricultores a aplicar as quantidades corretas de fertilizantes. As recomendações de nutrientes devem ser adaptadas com base nos resultados do teste do solo para evitar a aplicação excessiva ou insuficiente de fertilizantes.
> pH do solo: O pH ótimo do solo para a batata-doce, incluindo a BDPA, varia entre 5,5 e 6,5. A calagem de solos ácidos para aumentar o pH pode melhorar a disponibilidade de nutrientes.
> Matéria orgânica: A incorporação de matéria orgânica (composto ou estrume) no solo antes da plantação pode melhorar a estrutura do solo, a capacidade de retenção de água e a disponibilidade de nutrientes.

4.11. Métodos de aplicação de fertilizantes para as BDPA

4.11.1. Aplicação basal

A aplicação basal consiste na aplicação de fertilizantes antes ou na altura da plantação. É essencial para o fornecimento de fósforo e potássio, que são menos móveis no solo e precisam de estar disponíveis na zona radicular durante as primeiras fases de crescimento.

Procedimento:
> Incorporar as quantidades necessárias de fósforo e potássio no solo durante a preparação do terreno.
> Adubos orgânicos como estrume bem decomposto ou composto também podem ser aplicados nesta fase a taxas de 5-10 toneladas por hectare.

4.11.2. Molho de cobertura

A adubação de cobertura é a aplicação de fertilizantes azotados após a plantação, geralmente 4-6 semanas após o estabelecimento da cultura, para apoiar o crescimento vegetativo. Os fertilizantes azotados, como a ureia ou o nitrato de amónio, são normalmente utilizados na adubação de cobertura.

Procedimento:
> Aplicar os adubos azotados em faixas ao longo das videiras em crescimento, evitando o contacto direto com as plantas para evitar queimaduras.
> A taxa de aplicação é normalmente metade da dose total de azoto recomendada, sendo a outra metade aplicada como cobertura basal.

4.11.3. Alimentação foliar

Nos casos em que são identificadas deficiências de micronutrientes (por exemplo, zinco ou boro), podem ser utilizadas pulverizações foliares para fornecer nutrientes diretamente à planta. Este método é eficaz para a correção rápida de deficiências.

Gestão Integrada de Nutrientes (GIN)

A Gestão Integrada de Nutrientes (GIN) é uma abordagem sustentável que combina fertilizantes orgânicos e inorgânicos para melhorar a fertilidade do solo, mantendo a saúde ambiental. Na produção de BDPA, a GIN ajuda a equilibrar as necessidades imediatas de nutrientes com a saúde do solo a longo prazo.
> Insumos orgânicos: A adição de matéria orgânica através de composto, estrume ou adubos verdes ajuda a melhorar a estrutura do solo e fornece nutrientes de libertação lenta. Os insumos orgânicos

também aumentam a atividade microbiana, promovendo um melhor ciclo de nutrientes e o crescimento das raízes.
> Fertilizantes inorgânicos: Quando combinados com materiais orgânicos, os fertilizantes inorgânicos fornecem nutrientes prontamente disponíveis para apoiar o crescimento, especialmente durante fases críticas como a formação de tubérculos.

4.12. Taxas de aplicação de fertilizantes e calendário
As taxas de fertilizante e o calendário dependem das fases específicas de crescimento da planta de BDPA:
• Antes da plantação (preparação do terreno):
Aplicar 50% das taxas recomendadas de fósforo e potássio como uma aplicação basal durante a preparação do terreno. Os materiais orgânicos também devem ser incorporados nesta fase.
• Após a plantação (crescimento inicial):
Aplique a primeira dose de azoto cerca de 4 semanas após a plantação, quando as plantas se tiverem estabelecido e começado a crescer. Isto encoraja um crescimento vegetativo saudável sem causar uma produção excessiva de folhas que poderia suprimir o desenvolvimento dos tubérculos.
• Crescimento médio (formação de tubérculos):
Aplicar os restantes 50% de azoto e potássio durante a fase de iniciação dos tubérculos (cerca de 6-8 semanas após a plantação). Isto assegura uma disponibilidade adequada de nutrientes durante o enchimento dos tubérculos, o que é fundamental para obter rendimentos elevados e uma boa qualidade.

4.13. Considerações ambientais
A utilização excessiva de fertilizantes químicos pode levar à lixiviação e ao escoamento de nutrientes, o que pode contaminar as massas de água próximas e degradar a qualidade do solo. Para atenuar estes riscos:
> Efetuar testes ao solo para evitar uma aplicação excessiva.
> Utilizar fertilizantes de libertação lenta sempre que possível.
> Aplicar a rotação de culturas e a cultura intercalar para melhorar a fertilidade do solo e reduzir a pressão das pragas.

4.14. Sistema de cultivo
Os sistemas de cultivo desempenham um papel crítico no sucesso do cultivo da batata-doce de polpa alaranjada (BDPA), com impacto no rendimento, na gestão de pragas e doenças e na saúde do solo. A integração da BDPA em vários sistemas de cultivo aumenta a produtividade e a sustentabilidade, especialmente nos sistemas agrícolas de pequenos agricultores, onde a otimização dos recursos é vital. Os diferentes sistemas de cultivo - monocultivo, rotação de culturas, cultivo intercalar, culturas de revezamento e agrossilvicultura - oferecem várias vantagens e desafios para a produção de BDPA. A escolha do sistema depende da dimensão da exploração, da disponibilidade de recursos e dos objectivos do agricultor. Os sistemas integrados, como a rotação de culturas e a cultura intercalar, são geralmente mais sustentáveis, promovendo a fertilidade do solo, a gestão das pragas e a melhoria dos rendimentos, reduzindo simultaneamente os riscos de degradação ambiental.

4.14.1. Sistema de monocultura
A monocultura refere-se à prática de cultivar BDPA como cultura única, sem a combinar com outras culturas na mesma parcela.
Vantagens:
> Fácil de gerir, uma vez que todo o campo tem a mesma cultura com padrões de crescimento e necessidades de gestão uniformes.
> Maior rendimento de BDPA por unidade de área, uma vez que não há competição por espaço ou nutrientes de outras culturas.
Desvantagens:
> Aumento da suscetibilidade a pragas e doenças. Por exemplo, os campos de BDPA cultivados ano após ano no mesmo local podem sofrer de doenças transmitidas pelo solo, como o gorgulho da

batata-doce (Cylas puncticollis) e nemátodos (Low et al., 2009).
> Depleção de nutrientes do solo, particularmente de potássio, uma vez que as BDPA removem grandes quantidades de nutrientes do solo. A monocultura contínua pode degradar a fertilidade do solo ao longo do tempo, a menos que se recorra à fertilização e a corretivos do solo.
A monocultura é frequentemente praticada por agricultores comerciais que procuram maximizar o rendimento para o mercado, mas requer uma gestão cuidadosa dos nutrientes e estratégias de gestão integrada das pragas (GIP) para evitar problemas associados à cultura contínua.

4.14.2. Rotação de culturas
A rotação de culturas é a prática de cultivar diferentes culturas de forma sequencial no mesmo campo. As BDPA podem ser alternadas com leguminosas, cereais ou legumes para melhorar a saúde do solo e reduzir a pressão de pragas e doenças.
Benefícios da rotação de culturas:
> Melhoria da fertilidade do solo: A rotação das BDPA com leguminosas como o feijão ou o feijão-frade ajuda a fixar o azoto atmosférico no solo, reduzindo a necessidade de fertilizantes azotados sintéticos nas culturas subsequentes (Carey & Gichuki, 1999).
> Gestão de pragas e doenças: A rotação de BDPA com culturas não hospedeiras ajuda a quebrar os ciclos de pragas e doenças. Por exemplo, a rotação de BDPA com culturas de cereais como o milho pode reduzir a população de gorgulhos e nemátodos da batata-doce, que se desenvolvem quando a BDPA é cultivada continuamente.
> Supressão de ervas daninhas: Algumas culturas de rotação, particularmente as que crescem rapidamente e formam uma copa densa, podem ajudar a suprimir o crescimento de ervas daninhas, reduzindo a necessidade de herbicidas.

4.14.3. Culturas intercalares
A cultura intercalar é o cultivo simultâneo de duas ou mais culturas no mesmo campo. As BDPA são frequentemente consorciadas com milho, mandioca ou leguminosas, permitindo aos agricultores diversificar os seus produtos e utilizar eficazmente as terras disponíveis.
Vantagens da cultura intercalar:
> Utilização maximizada dos recursos: Diferentes culturas têm diferentes profundidades de raízes e estruturas de copa, permitindo-lhes explorar os nutrientes do solo e a luz solar de forma mais eficaz. Por exemplo, o milho cresce mais alto e pode captar a luz solar que não chega à copa inferior das videiras de BDPA (Tumwegamire et al., 2011).
> Maior estabilidade do rendimento: As culturas intercalares reduzem o risco de fracasso total das colheitas, uma vez que as diferentes culturas respondem de forma diferente às pressões ambientais, como a seca.
> Redução de pragas e doenças: Certas culturas actuam como repelentes de pragas ou culturas armadilha, reduzindo a incidência de infestações de pragas nas BDPA. Por exemplo, a cultura intercalar de BDPA com leguminosas pode reduzir a prevalência do gorgulho da batata-doce.
Desafios da cultura intercalar:
> A gestão dos diferentes hábitos de crescimento e requisitos nutricionais de várias culturas pode ser mais trabalhosa em comparação com a monocultura.
> A competição por água e nutrientes entre culturas pode, por vezes, resultar em rendimentos mais baixos se não for cuidadosamente gerida.

4.14.4. Relay Cropping
A cultura de revezamento é a prática de plantar uma segunda cultura no mesmo campo antes de a primeira cultura ser colhida. A BDPA pode ser cultivada em alternância com culturas de maturação rápida, como o feijão ou os legumes de folha.
Benefícios:
> Uso eficiente da terra: A relocalização permite uma produção contínua, assegurando que a terra não é deixada em pousio entre os ciclos de cultivo.
> Sustentabilidade: As culturas de revezamento podem melhorar a cobertura do solo, reduzindo a

erosão e melhorando a matéria orgânica do solo. Também permite uma melhor gestão das ervas daninhas, mantendo o solo coberto durante períodos mais longos (Gichuki et al., 2006).

4.14.5. Sistema Agroflorestal

A BDPA pode ser integrada em sistemas agroflorestais, onde é cultivada juntamente com árvores e arbustos. Este sistema proporciona múltiplos benefícios, incluindo sombra, quebra-ventos e microclimas melhorados para as culturas.

Vantagens:

> Biodiversidade melhorada: O cultivo de BDPA em sistemas agro-florestais aumenta a biodiversidade, o que pode reduzir os surtos de pragas e promover organismos benéficos.

> Gestão da fertilidade do solo: As árvores como as leguminosas fixadoras de azoto (por exemplo, Gliricidia sepium) em sistemas agroflorestais contribuem para o ciclo de nutrientes do solo, beneficiando o crescimento das BDPA.

> Controlo da erosão: Os sistemas agro-florestais ajudam a reduzir a erosão do solo nas encostas, onde a BDPA é normalmente cultivada, fornecendo uma cobertura vegetal permanente (Rees et al., 2003).

Desafios:

> Se não for corretamente gerida, pode ocorrer uma competição entre as BDPA e as árvores por água e nutrientes. A poda das árvores e o espaçamento adequado são necessários para garantir luz e nutrientes suficientes para as culturas.

CAPÍTULO 5
COLHEITA E MANUSEAMENTO PÓS-COLHEITA

A colheita de batata-doce de polpa alaranjada (OFSP) requer um manuseamento cuidadoso para minimizar os danos nos tubérculos e garantir um produto de alta qualidade. O processo envolve o conhecimento do momento certo, a utilização de ferramentas adequadas e a utilização de técnicas eficientes para evitar ferir ou cortar as raízes delicadas.

5.1. Identificar a altura certa para a colheita

Momento da colheita: O momento da colheita é crucial para assegurar tanto a quantidade como a qualidade dos tubérculos de BDPA. Normalmente, baseia-se no período de maturação da variedade plantada, nas condições climatéricas e na procura do mercado.

> Tempo de maturação: As variedades de BDPA geralmente amadurecem em 3-4 meses (90-120 dias) após a plantação, dependendo das condições de crescimento e da cultivar. Nesta altura, as folhas começam a amarelar, o que indica que os tubérculos atingiram o seu tamanho máximo.

> Estado do solo: É importante fazer a colheita quando o solo não está nem demasiado seco nem demasiado húmido. A colheita em condições secas pode fazer com que o solo fique duro, provocando lesões mecânicas ao levantar os tubérculos. Por outro lado, o solo húmido pode fazer com que os torrões de terra se colem aos tubérculos, dificultando a limpeza e aumentando o risco de doenças pós-colheita.

> Condições climatéricas: O ideal é que a colheita seja feita durante as horas frescas do dia, como o início da manhã ou o fim da tarde, para evitar o stress térmico dos tubérculos e dos trabalhadores.

Minimizar as perdas pós-colheita

> Manuseamento: Os tubérculos de BDPA são propensos a contusões e ferimentos devido à sua pele fina. O manuseamento cuidadoso dos tubérculos durante a colheita reduz o risco de danos físicos que podem levar à sua deterioração.

> Evitar queimaduras solares: Após a colheita, os tubérculos devem ser colocados em áreas sombreadas para evitar queimaduras solares, que podem causar fissuras na pele e diminuir o prazo de validade.

> Seleção: Os tubérculos danificados ou doentes devem ser separados dos saudáveis para evitar a contaminação durante a armazenagem.

5.2. Técnicas e ferramentas de colheita
5.2.1. Técnicas de colheita

> Colheita manual: Este continua a ser o método mais comum, especialmente para os pequenos agricultores. O processo envolve a utilização de ferramentas manuais para cavar suavemente à volta da base da planta e levantar os tubérculos. A colheita manual é frequentemente preferida para tubérculos delicados como a BDPA, uma vez que reduz o risco de danos.

Procedimento:

> Comece por soltar o solo à volta da base da planta, evitando cuidadosamente os tubérculos.
> Puxe suavemente a videira e retire manualmente os tubérculos do solo.
> Colocar os tubérculos em zonas sombreadas para evitar queimaduras solares e reduzir o calor do campo.

> Colheita mecânica: é utilizada em explorações comerciais de maior dimensão, onde o tempo e a eficiência do trabalho são essenciais. As ceifeiras especializadas são concebidas para escavar por baixo do solo e levantar os tubérculos sem os danificar. No entanto, os métodos mecânicos podem aumentar o risco de lesões nos tubérculos se não forem utilizados com cuidado.

Procedimento:

> Uma ceifeira montada num trator cava o solo a uma determinada profundidade e levanta os tubérculos, separando-os do solo.
> Em seguida, a máquina transporta os tubérculos para a superfície, onde são recolhidos manualmente ou por um sistema de transporte para serem selecionados e embalados.

> Este método é mais rápido, mas requer operadores qualificados e equipamento bem conservado para evitar danos excessivos nos tubérculos.
> Colheita in situ: Nalguns casos, os agricultores colhem os tubérculos de BDPA ao longo do tempo, em vez de os colherem todos de uma só vez. Este método, conhecido como colheita in situ, consiste em colher apenas os tubérculos maduros quando necessário e deixar os outros no solo para continuarem a crescer. Este método reduz os custos de armazenamento e prolonga a época de colheita, mas requer um planeamento cuidadoso para evitar deixar os tubérculos no solo durante demasiado tempo.

5.2.2. Ferramentas utilizadas para a colheita de BDPA

A escolha das ferramentas para a colheita de BDPA depende da escala de produção, do tipo de solo e dos recursos disponíveis. As ferramentas mais comuns incluem:

Ferramentas manuais:

> Garfos de escavação: A ferramenta mais comum para os produtores de BDPA em pequena escala. Um garfo de escavação (também conhecido como garfo de batata ou garfo de espátula) é utilizado para soltar o solo à volta da planta. É necessário ter cuidado para evitar perfurar os tubérculos.
> Catanas/facas: São utilizadas para cortar as videiras antes de levantar os tubérculos.
> Enxadas: Os agricultores utilizam enxadas para escavar cuidadosamente à volta da base da planta, especialmente em solos menos compactos.
> Pás: As pás também podem ser utilizadas para levantar suavemente o solo à volta da planta para expor os tubérculos.

Ferramentas mecanizadas:

> Colheitadeiras de batata-doce: Nas explorações comerciais, as ceifeiras montadas em tractores ou automotrizes são utilizadas para escavar o solo e levantar os tubérculos. Alguns dos tipos mais comuns de ceifeiras-debulhadoras de batata-doce incluem a ceifeira-debulhadora de batata de uma fila e a ceifeira-debulhadora de batata de duas filas. Estas máquinas têm lâminas que cortam o solo por baixo dos tubérculos, levantando-os para tapetes rolantes que os trazem para a superfície.
> Sistemas de correias transportadoras: Ligadas a ceifeiras mecânicas, estas correias transportam os tubérculos para estações de seleção para classificação e embalagem imediatas.

5.3. Manuseamento e armazenamento pós-colheita

A cura e o armazenamento adequado são passos essenciais para manter a qualidade, prolongar o prazo de validade e garantir o valor nutricional da batata-doce de polpa alaranjada (OFSP). Segue-se um guia pormenorizado sobre estes processos:

5.3.1. Cura de batatas doces de polpa alaranjada

A cura é um passo vital imediatamente após a colheita da BDPA. Implica a criação de condições que permitam a cicatrização de pequenas lesões cutâneas e o endurecimento da pele exterior, reduzindo a perda de humidade e aumentando a resistência às doenças.

Porquê curar as BDPA?

• Cura de ferimentos: Durante a colheita, os tubérculos de BDPA sofrem frequentemente pequenos cortes e contusões. A cura permite que estas feridas cicatrizem, reduzindo o risco de infeção por agentes patogénicos.

• Prazo de validade melhorado: A cura cria uma barreira protetora na pele, aumentando significativamente o tempo de armazenamento.

• Maior doçura: Durante a cura, os amidos do tubérculo convertem-se em açúcares, melhorando o sabor e a doçura.

Condições óptimas de cura

• Temperatura: A temperatura de cura ideal para as BDPA é entre 27-32°C (80-90°F).

• Humidade relativa: São necessários níveis de humidade elevados de 85-95% para evitar a perda excessiva de humidade durante a cicatrização da pele.

• Duraç^{a}o: A cura dura normalmente 4 a 7 dias, consoante a temperatura e o estado das batatas doces.

Processo de cura
• Colheita com cuidado: Evitar contusões e danos excessivos durante a colheita das BDPA, utilizando ferramentas e técnicas adequadas.
• Manuseamento antes da cura: Depois de colhidas, as batatas-doces devem ser colocadas com cuidado num local bem ventilado, de preferência dentro de casa, e mantidas secas.
• Ambiente controlado: Armazenar as batatas-doces num ambiente controlado com temperatura e humidade adequadas durante o período de cura.
• Monitorização diária: Verifique diariamente a temperatura e a humidade e procure quaisquer sinais de apodrecimento ou deterioração.
Em áreas sem instalações controladas, a cura pode ser feita empilhando os tubérculos em áreas sombreadas cobertas com palha ou outros materiais respiráveis, ou usando caixas ventiladas para garantir uma boa circulação de ar.

5.3.2. Conservação de batatas doces de polpa alaranjada
Após a cura, os tubérculos de BDPA devem ser armazenados em condições adequadas para maximizar o prazo de validade e manter a qualidade nutricional, especialmente o elevado teor de beta-caroteno que os torna valiosos para a saúde.

Condições ideais de armazenamento
• Temperatura: A temperatura óptima de armazenamento é de cerca de 12-15°C (55-59°F). O armazenamento a temperaturas inferiores a 10°C (50°F) pode causar lesões provocadas pelo frio, levando à formação de pontos duros e à deterioração.
• Humidade: A humidade relativa deve ser mantida a 85-90% para evitar a perda excessiva de humidade, mas sem criar condições para o apodrecimento.
• Ventilação: A circulação de ar adequada é crucial para evitar a acumulação de humidade que pode favorecer o aparecimento de bolor ou podridão.
• Duração da armazenagem: Em condições ideais, as BDPA podem ser armazenadas durante 4-7 meses. No entanto, o armazenamento para além deste período pode levar à deterioração do sabor, da textura e do valor nutricional.

Métodos de armazenamento
• Armazenamento tradicional: No meio rural, a batata-doce é frequentemente armazenada em covas forradas com palha ou folhas. Embora baratos, estes métodos podem não ser fiáveis na manutenção da humidade e temperatura ideais.
• Armazenamento em caixotes ou paletes: Nas regiões onde é possível controlar a temperatura, é mais eficaz armazenar as batatas-doces em caixas ou paletes ventiladas em salas frescas.
• Estruturas de armazenamento especializadas: Alguns agricultores ou instalações podem investir em unidades de armazenamento climatizadas, que oferecem as melhores condições para o armazenamento a longo prazo.
• Armazenamento em casa: Para as famílias, as BDPA devem ser mantidas em locais frescos, secos e escuros, como caves ou armários, evitando áreas expostas a temperaturas extremas, como perto de aquecedores ou frigoríficos.

Monitorização e manutenção durante o armazenamento
• Inspeção regular: Inspeccione regularmente os tubérculos armazenados para detetar quaisquer sinais de deterioração, podridão ou bolor. Remova imediatamente os tubérculos afectados para evitar a propagação.
• Evitar o empilhamento: Evite empilhar os tubérculos de forma apertada para permitir a circulação do ar, reduzindo as hipóteses de acumulação de humidade e de apodrecimento.

Desafios comuns de armazenamento
• Apodrecimento e deterioração: A humidade excessiva ou a ventilação deficiente podem provocar infecções fúngicas e apodrecimento.
• Brotamento: O armazenamento prolongado em condições quentes pode provocar a germinação, o que reduz a qualidade do tubérculo. A cura ajuda a evitar a germinação, mas o controlo da temperatura

é essencial.
- Lesões causadas pelo frio: Se for armazenada abaixo de 10°C, a BDPA pode desenvolver pontos duros, tornar-se suscetível à podridão ou perder o sabor.

5.4. Soluções de Armazenamento de OSP na Nigéria

O armazenamento eficaz de batata-doce de polpa alaranjada (OFSP) é crucial para minimizar as perdas pós-colheita e garantir um abastecimento constante ao longo do ano, especialmente durante as épocas baixas. Na Nigéria, como em muitas outras partes da África Subsaariana, as más condições de armazenamento podem levar a perdas significativas devido à deterioração, infestações de pragas e redução de peso causada pela perda de humidade. Foram adaptados vários métodos de armazenamento para melhorar o período de conservação das BDPA na Nigéria.

Métodos de armazenamento tradicionais

A maioria dos pequenos agricultores da Nigéria recorre a técnicas tradicionais de armazenamento das BDPA. Estes métodos são rentáveis, mas têm limitações em termos de preservação a longo prazo e de proteção contra pragas.

> **Armazenamento no terreno:**

O armazenamento in situ no campo implica deixar os tubérculos no solo depois de amadurecerem. Os agricultores colhem os tubérculos conforme necessário para consumo ou venda. Este método reduz a necessidade de instalações de armazenamento externo, mas expõe os tubérculos a pragas (por exemplo, gorgulhos da batata-doce) e ao apodrecimento, especialmente durante as estações chuvosas (Low et al., 2009).

Limitações: O armazenamento no campo só pode ser praticado durante um curto período de tempo, e períodos prolongados podem resultar na deterioração da qualidade dos tubérculos devido a variações de humidade e danos causados por pragas.

> **Armazenamento em pilha:**

O armazenamento em pilha é um método tradicional em que os tubérculos de BDPA colhidos são empilhados numa área sombreada, coberta com erva ou outros materiais vegetais para os proteger da luz solar direta e da chuva.

Vantagens: Este método é de baixo custo e amplamente utilizado na Nigéria rural.

Desafios: Os tubérculos armazenados em pilhas são propensos a infestações de pragas (especialmente roedores), desidratação e infecções fúngicas devido ao fluxo de ar limitado e ao fraco controlo da temperatura e da humidade.

Métodos de armazenamento melhorados

Para fazer face às limitações dos sistemas de armazenamento tradicionais, os investigadores e as agências de desenvolvimento promoveram técnicas de armazenamento melhoradas para as BDPA na Nigéria. Estes métodos foram concebidos para reduzir as perdas pós-colheita, melhorar a segurança alimentar e garantir que os agricultores possam armazenar os excedentes para venda durante os períodos de escassez.

> **Cura antes da armazenagem**

A cura é uma etapa crítica na preparação dos tubérculos de BDPA para armazenamento a longo prazo. Envolve a exposição dos tubérculos colhidos a condições quentes e húmidas (tipicamente 25-30°C e 85-90% de humidade relativa) durante 4-7 dias (Rees et al., 2003). A cura ajuda a cicatrizar as feridas e os cortes nos tubérculos, reduzindo a suscetibilidade à podridão e à deterioração durante o armazenamento.

Impacto na Nigéria: A cura tem sido promovida como uma estratégia eficaz para reduzir as perdas pós-colheita das BDPA. No entanto, a adoção de práticas de cura continua a ser limitada devido à falta de sensibilização e de acesso a instalações de cura adequadas.

> **Berços ventilados**

Os berços de armazenamento ventilados são uma melhoria em relação ao armazenamento tradicional em pilhas. Estes berços são feitos de materiais disponíveis localmente, como bambu ou madeira, e são concebidos para permitir o fluxo de ar à volta dos tubérculos armazenados. Os berços são elevados

acima do solo para proteger os tubérculos da humidade e das pragas.
Vantagens: Os berços ventilados permitem um melhor controlo da temperatura e da humidade, reduzindo a deterioração dos tubérculos e prolongando o período de armazenamento. Estudos mostram que este método pode conservar as BDPA durante 2-3 meses com perdas mínimas (Low et al., 2009).
Adoção na Nigéria: Embora eficazes, a utilização de berços ventilados é ainda limitada entre os pequenos agricultores devido ao custo e à necessidade de mão de obra para a sua construção.

> Armazenamento em fosso

No armazenamento em covas, cava-se uma cova pouco profunda no solo e os tubérculos de BDPA são colocados no interior. A cova é coberta com folhas secas, erva ou terra para proporcionar isolamento e evitar a exposição à luz solar e à chuva.
Vantagens: Este método é de baixo custo e pode ser facilmente adaptado em zonas rurais com infra-estruturas limitadas.
Desafios: A má ventilação e o risco de infiltração de água durante as estações chuvosas podem levar a uma rápida deterioração e a infecções fúngicas.

> Armazenamento de areia ou cinzas

O armazenamento dos tubérculos de BDPA em areia seca ou cinzas é outra técnica tradicional que ajuda a reduzir a perda de humidade e limita a exposição a pragas. Os tubérculos são enterrados em camadas de areia ou cinza, que absorvem o excesso de humidade e criam uma barreira contra as pragas.
Eficácia: Este método é mais eficaz nas regiões mais secas da Nigéria, onde o controlo da humidade é crucial para prevenir a podridão (Rees et al., 2003). Contudo, o acesso a quantidades suficientes de areia seca ou cinzas pode ser uma limitação para alguns agricultores.

> Armazenamento a frio

As instalações de armazenagem frigorífica são normalmente utilizadas na agricultura comercial para prolongar o prazo de validade de culturas perecíveis como as BDPA. No entanto, na Nigéria, as infra-estruturas de armazenagem frigorífica estão largamente subdesenvolvidas, particularmente nas zonas rurais onde os pequenos agricultores dominam a produção.

> Câmara frigorífica

Nos centros urbanos e nas operações agrícolas comerciais, são utilizadas câmaras frigoríficas para armazenar as BDPA a temperaturas entre 12-15°C, o que ajuda a reduzir as taxas de respiração e a retardar a germinação (Tumwegamire et al., 2011). O armazenamento a frio pode preservar os tubérculos de BDPA por até 6 meses.
Desafios na Nigéria: O elevado custo da criação e manutenção de instalações de armazenagem frigorífica, combinado com a falta de fiabilidade do fornecimento de eletricidade, limita a sua adoção entre os pequenos agricultores.
Sistemas de armazenamento modernizados
Para melhorar o armazenamento das BDPA e reduzir as perdas pós-colheita, várias iniciativas introduziram sistemas de armazenamento modernizados que combinam métodos tradicionais com tecnologia moderna.

> Refrigeradores evaporativos

A tecnologia de arrefecimento evaporativo proporciona um método de baixo custo e eficiente em termos energéticos para armazenar BDPA em áreas sem acesso à eletricidade. O sistema utiliza a evaporação da água para arrefecer o ambiente de armazenamento e manter uma temperatura e um nível de humidade estáveis. Na Nigéria, foram introduzidos nalgumas regiões refrigeradores de barro, refrigeradores de carvão e refrigeradores evaporativos à base de tijolos para armazenar culturas perecíveis, incluindo as BDPA (Carey et al., 1999).
Impacto: Os refrigeradores evaporativos podem prolongar o prazo de validade dos tubérculos de BDPA, mantendo temperaturas mais baixas e reduzindo a perda de humidade.

> Armazenamento em recipientes herméticos

Recipientes herméticos, como sacos de plástico ou sacos de armazenamento herméticos, ajudam a preservar as BDPA, limitando a troca de ar e reduzindo o risco de infestações de pragas. Este método está a ser cada vez mais promovido na Nigéria para o armazenamento de várias culturas, incluindo a BDPA, porque impede o acesso de gorgulhos e outras pragas aos tubérculos.

Eficácia: O armazenamento hermético tem demonstrado manter a qualidade das BDPA durante vários meses, mas é preciso ter cuidado para garantir que os tubérculos são devidamente curados antes de serem colocados em recipientes para evitar a acumulação de humidade e o crescimento de fungos.

CAPÍTULO 6
VALOR ACRESCENTADO E TRANSFORMAÇÃO DE RAÍZES DE OFSP

A adição de valor e a transformação da raiz de batata-doce de polpa alaranjada (BDPA) centra-se na conversão das raízes frescas em vários produtos com maior valor de mercado, prazo de validade alargado e conteúdo nutricional melhorado, particularmente devido ao seu elevado teor de beta-caroteno (provitamina A). Seguem-se os principais domínios de adição de valor e de transformação da BDPA:

> **Consumo fresco e transformação primária**
> Raízes frescas de BDPA: Vendidas diretamente nos mercados ou através de cadeias de valor como os supermercados. O manuseamento adequado após a colheita, como a cura e o armazenamento, ajuda a manter a qualidade e a prolongar o prazo de validade.
> Cozedura ou vaporização: Um método tradicional de transformação das raízes de BDPA para consumo.
> Assar e fritar: Pode ser assada ou frita para produzir produtos como batatas fritas ou chips de batata-doce.
> **Produção de farinha**
> Farinha de BDPA: As raízes podem ser secas e moídas para fazer farinha, que tem utilizações versáteis. A farinha de BDPA não contém glúten e é rica em vitamina A. Pode ser utilizada na pastelaria ou como substituto da farinha de trigo em vários produtos alimentares, como pão, panquecas e bolachas.
> Processo de produção: As raízes são limpas, descascadas, cortadas em fatias e depois secas (por secagem ao sol ou com secadores mecânicos). Após a secagem, as fatias são moídas para obter uma farinha fina.

- **Purés**

> Puré de BDPA: Um dos principais produtos da transformação da BDPA, utilizado na panificação, alimentos para bebés e molhos. O puré pode ser embalado e vendido fresco ou como puré congelado, com aplicações no fabrico de pão, bolos, muffins, donuts e outros produtos de pastelaria.
> Processo de produção: As raízes são descascadas, cozidas a vapor ou fervidas e depois misturadas até obterem uma consistência suave. Podem ser incluídos aditivos como conservantes para prolongar o prazo de validade.

- **Produtos para lanches**

> Batatas fritas de pacote e batatas fritas de pacote: A BDPA pode ser transformada em batatas fritas ou estaladiças de batata-doce, semelhantes às batatas fritas convencionais. Estas são aromatizadas ou não aromatizadas, consoante a preferência do mercado.
> Processo de produção: As raízes descascadas e cortadas em fatias finas são fritas ou cozidas. Podem ser adicionados temperos ou aromas para realçar o sabor.

- **Produtos de pastelaria**

> Pão e pastelaria à base de BDPA: O puré ou a farinha de BDPA podem ser utilizados para fazer pão, bolos, donuts e outros produtos de pastelaria, constituindo uma alternativa mais nutritiva aos produtos à base de trigo.
> Mistura com farinha de trigo: Para a produção de pão, a farinha ou o puré de BDPA é frequentemente misturado com farinha de trigo para melhorar a textura e a qualidade da cozedura.

- **Alimentos para bebés**

> Alimentos para bebés à base de BDPA: Devido ao seu elevado teor nutricional, especialmente de vitamina A, a BDPA é transformada em produtos alimentares para bebés, constituindo uma fonte essencial de nutrientes para as crianças.
> Processo de produção: As raízes são cozinhadas, transformadas em puré e, por vezes, combinadas com outros ingredientes (por exemplo, cereais ou leite) para uma refeição equilibrada para bebés e crianças pequenas.

- **Sumos e bebidas**
> Sumo de BDPA: As raízes podem ser transformadas em misturas de sumo, combinadas com outras frutas ou legumes para melhorar o sabor e a nutrição.
>Bebidas fermentadas: As BDPA também podem ser utilizadas na produção de bebidas fermentadas ou bebidas alcoólicas, como o vinho de batata-doce ou a cerveja.
- **Produção de amido**
> Amido de BDPA: O amido extraído das raízes de BDPA pode ser utilizado na indústria alimentar ou no fabrico de plásticos biodegradáveis, adesivos ou como agente espessante em várias aplicações culinárias.
>Processo de produção: As raízes são raladas e a polpa é lavada e peneirada para extrair o amido, que é depois seco e embalado para venda.
- **Alimentação animal**
> Cascas e subprodutos de raízes de BDPA: Após a transformação das raízes, as cascas e outros resíduos podem ser utilizados como alimentos para animais. Estes subprodutos são ricos em nutrientes e ajudam a reduzir os resíduos.
- **Embalagem e marketing**
> Embalagem inovadora: Uma embalagem adequada prolonga o prazo de validade dos produtos transformados de BDPA. A embalagem a vácuo, os sacos herméticos ou a utilização de conservantes são essenciais para produtos como o puré, a farinha e os snacks.
- **Produtos alimentares fortificados**
> A BDPA como agente de fortificação: Devido ao seu rico teor de beta-caroteno, o puré ou a farinha de BDPA podem ser adicionados a outros produtos alimentares para aumentar o seu valor nutricional, especialmente em populações deficientes em vitamina A.
Estas várias formas de adição de valor não só aumentam os benefícios económicos para os agricultores e transformadores, mas também contribuem para melhorar a segurança alimentar e a nutrição, particularmente em regiões onde a deficiência de vitamina A é uma preocupação.

6.1. Equipamento e tecnologia para a transformação das BDPA
A transformação da batata-doce de polpa alaranjada (BDPA) envolve várias etapas, desde a limpeza e o descasque até à transformação em produtos de valor acrescentado. O equipamento e as tecnologias utilizadas na transformação de BDPA podem melhorar a eficiência, a qualidade do produto e reduzir as perdas pós-colheita. Seguem-se algumas das principais tecnologias e equipamentos habitualmente utilizados:

6.1.1. Equipamento de descasque e lavagem
Descrição: Após a colheita, as raízes das BDPA são normalmente lavadas para remover a sujidade e os contaminantes. As máquinas automáticas de descasque são frequentemente utilizadas para descascar as batatas de forma eficiente.
Exemplo: A máquina de lavar de tambor rotativo e o descascador de batatas são utilizados habitualmente.

6.1.2. Máquinas de fatiar e picar
Descrição: As raízes de BDPA são cortadas ou lascadas para posterior transformação em produtos como batatas fritas secas, farinha ou purés. Este processo é geralmente efectuado com cortadores ou picadores especializados.
Exemplo: Cortadoras eléctricas ou manuais com lâminas de tamanho ajustável.

6.1.3. Tecnologias de secagem
Descrição: A secagem é um passo crítico para converter as BDPA em farinha ou noutros produtos secos. Tecnologias como secadores solares, secadores de túnel ou secadores mecânicos podem ser utilizadas para conseguir uma secagem eficaz.
Exemplo: A secagem solar é amplamente utilizada nas zonas rurais, enquanto a secagem mecânica (como os secadores por convecção) é aplicada no processamento em grande escala.

6.1.4. Fresadoras
Descrição: Para a produção de farinha de BDPA, as máquinas de moagem transformam as fatias ou aparas de BDPA secas em farinha. O tipo de moinho pode variar, incluindo moinhos de martelos e moinhos de rolos.
Exemplo: Os moinhos de martelos são normalmente utilizados na transformação em pequena e média escala.

6.1.5. Equipamento para puré e trituração
Descrição: As máquinas de fazer puré são utilizadas para fazer puré de OSPF, que pode ser utilizado em alimentos para bebés, pão e outros produtos. O puré é frequentemente utilizado como substituto da farinha de trigo na pastelaria.
Exemplo: As empresas de transformação em grande escala utilizam sistemas de puré contínuo.

6.1.6. Tecnologia de extrusão
Descrição: A extrusão é um processo utilizado para produzir snacks prontos a consumir e produtos fortificados a partir de BDPA. Esta tecnologia é importante para o desenvolvimento de produtos fortificados, como cereais ou batatas fritas à base de BDPA.
Exemplo: As extrusoras de duplo parafuso são muito utilizadas para este fim.

6.1.7. Equipamento de embalagem e armazenamento
Descrição: Após a transformação, os produtos OFSP, como a farinha ou as batatas fritas, necessitam de uma embalagem adequada para manter o seu prazo de validade. São normalmente utilizadas máquinas de embalagem a vácuo, seladoras térmicas e materiais de embalagem à prova de humidade.
Exemplo: Os seladores a vácuo e as películas de barreira ajudam a prolongar o prazo de validade dos produtos à base de OSPF.

6.2. Transformação industrial e em pequena escala de BDPA
A transformação da batata-doce de polpa alaranjada (BDPA) pode ocorrer a dois níveis diferentes: à pequena escala (frequentemente produção comunitária ou artesanal) e à escala industrial (grandes operações comerciais). Ambos os níveis de transformação têm como objetivo acrescentar valor à BDPA, preservar a sua qualidade nutricional e diversificar as suas aplicações no mercado alimentar. Segue-se uma comparação pormenorizada de ambas as abordagens, destacando o equipamento, os processos e os desafios a cada nível.

6.2.1. Transformação em pequena escala de BDPA
A transformação em pequena escala é geralmente localizada, com um investimento mínimo em maquinaria sofisticada. É adequado para comunidades rurais ou pequenas empresas que pretendam acrescentar valor às BDPA.
Caraterísticas principais
Mercado alvo: Mercados locais, agregados familiares, pequenas empresas e sectores informais.
Produtos de transformação: Farinha de BDPA, puré, batatas fritas, snacks tradicionais, alimentos para bebés e alimentos locais (por exemplo, pão, papas).
Volume de produção: Produção limitada, normalmente para distribuição em pequena escala ou consumo local.
Equipamento utilizado:
Descasque e lavagem manuais: São normalmente utilizados instrumentos simples como facas e descascadores manuais. Para a lavagem, as raízes de BDPA são frequentemente limpas com bacias de água ou pequenas máquinas de lavar manuais.
Cortadoras manuais: As cortadoras mecânicas básicas são utilizadas para cortar a batata-doce em fatias finas para secar ou fritar.
Secadores solares: Os transformadores de pequena escala utilizam frequentemente secadores solares para reduzir o teor de humidade das fatias de BDPA, tornando-as mais fáceis de armazenar ou de moer em farinha.
Pequenas máquinas de moagem: Moinhos de martelos de pequena escala ou moinhos fabricados localmente são utilizados para produzir farinha de BDPA, que é depois vendida nos mercados locais

ou utilizada para fazer produtos de pastelaria como o pão.

Embalagem manual ou em pequena escala: Os métodos de embalagem manual, tais como sacos de plástico simples, são utilizados para produtos como farinha, batatas fritas ou aperitivos. A embalagem a vácuo pode ser utilizada, se disponível.

Benefícios:

Baixo investimento: A transformação em pequena escala requer um investimento mínimo de capital, tornando-a acessível aos empresários rurais e às cooperativas de mulheres.

Criação de emprego: Cria emprego local, especialmente para as mulheres nas zonas rurais.

Ressonância cultural: Os produtos podem ser alinhados com os gostos e preferências locais, como os pratos tradicionais feitos com BDPA.

Desafios:

Acesso limitado à tecnologia: Os transformadores de pequena escala enfrentam frequentemente dificuldades de acesso a equipamento avançado, o que conduz a uma menor eficiência e a problemas de controlo de qualidade.

Qualidade inconsistente do produto: Devido aos métodos manuais e ao controlo limitado de factores como o teor de humidade, a qualidade do produto pode ser inconsistente.

Prazo de validade limitado: Sem técnicas de conservação avançadas, como a secagem adequada ou a embalagem em vácuo, o prazo de validade dos produtos é mais curto.

Exemplo:

Na Nigéria, os pequenos agricultores transformam as BDPA em farinha utilizando secadores solares e pequenos moinhos de martelos. A farinha é depois utilizada para fazer papas nutritivas, que são vendidas localmente. Isto ajudou a melhorar a segurança alimentar e os rendimentos locais.

6.2.2. Transformação em escala industrial de BDPA

A transformação industrial envolve operações comerciais de maior dimensão que utilizam tecnologia avançada para transformar as BDPA numa grande variedade de produtos de elevada qualidade para os mercados nacionais e internacionais.

Caraterísticas principais:

Mercado alvo: Supermercados, grandes empresas do sector alimentar, compradores institucionais (por exemplo, programas de alimentação escolar) e mercados de exportação.

Produtos de processamento: Puré de BDPA, farinha, batatas fritas, biscoitos, massas, alimentos para bebés, bebidas, snacks prontos a comer, produtos fortificados.

Volume de produção: Produção em grande escala, com qualidade mais consistente e capacidade de atender a mercados mais amplos.

Equipamento utilizado:

Máquinas automatizadas de lavagem e descascamento: Os processadores industriais utilizam sistemas automatizados, tais como lavadoras rotativas e descascadoras a vapor ou abrasivas, para limpar e descascar grandes volumes de raízes de BDPA de forma rápida e eficiente (Musyoka, et al. 2021; Tewe & Ogunsola, 2019)

Cortadores e picadores mecânicos: As cortadoras ou picadoras mecânicas de alta velocidade são utilizadas para cortar as BDPA em pedaços uniformes para secar, fritar ou cozer.

Secadores por convecção e liofilizadores: Os processadores industriais podem utilizar secadores mecânicos, tais como secadores de correia transportadora, secadores de tambor ou equipamento de liofilização para remover a humidade das BDPA para prolongar o prazo de validade (Low, et al. 2020)

Máquinas de moagem de alta capacidade: Os grandes moinhos de martelos ou de rolos são utilizados para transformar as BDPA em farinha fina para produtos como pão, massas e alimentos para bebés (Akinola, et al. 2021)

Tecnologia de extrusão: As extrusoras são utilizadas para produzir snacks e cereais à base de BDPA, em que a massa é empurrada através de uma máquina para criar produtos tufados ou moldados.

Linhas de produção de puré: As linhas de produção em grande escala podem processar continuamente as BDPA em puré, que é embalado a granel ou em embalagens assépticas para utilização em

pastelaria, alimentos para bebés ou produtos fortificados (Nabubuya, et al. 2019)
Máquinas de embalagem avançadas: As linhas de embalagem automatizadas, incluindo seladoras a vácuo, máquinas de enchimento de saquetas e embalagens multicamadas para produtos de exportação, garantem um prazo de validade longo e mantêm a qualidade do produto (Tumwegamire, et al. 2018; Andrade, et al. 2020)
Benefícios:
Qualidade consistente: Os processos industriais são automatizados e padronizados, garantindo uma qualidade consistente do produto.
Produção em grande escala: Capaz de satisfazer as exigências de grandes mercados, tanto nacionais como internacionais.
Diversificação de produtos: Os transformadores industriais podem criar uma grande variedade de produtos de valor acrescentado que respondem a diferentes necessidades do mercado (por exemplo, alimentos para bebés, snacks, farinha e produtos fortificados).
Prazo de validade alargado: Com a utilização de tecnologias avançadas de embalagem e secagem, os produtos têm um prazo de validade mais longo, permitindo uma distribuição mais alargada.
Desafios:
Investimento inicial elevado: A criação de uma unidade de transformação industrial exige um investimento de capital significativo em maquinaria, instalações e sistemas de controlo de qualidade.
Gestão da cadeia de abastecimento: Garantir um fornecimento fiável e consistente de raízes de BDPA de alta qualidade pode ser um desafio, especialmente em regiões com produtividade agrícola flutuante.
Marketing e distribuição: Os transformadores industriais necessitam de redes de marketing e distribuição fortes para garantir que os seus produtos chegam aos mercados-alvo, o que pode ser dispendioso e complexo.
Exemplo:
Na Nigéria, processadores de grande escala, como a Sahel Consulting e a Alhamsad Foods, e a DADTCO PHILAFRICA desenvolveram linhas de puré de BDPA para utilização em produtos industriais de panificação e alimentos para bebés (Tewe, et al. 2019). Estas empresas utilizam equipamento de extrusão e secagem de alta tecnologia para produzir puré e farinha para utilização em pão, biscoitos e snacks.

6.3. Comercialização e promoção da marca dos produtos OFSP

O marketing e a marca dos produtos de batata-doce de polpa alaranjada (OFSP) desempenham um papel crucial no aumento da consciencialização dos consumidores, da procura e do valor de mercado. As estratégias de marketing eficazes devem realçar os benefícios nutricionais únicos, particularmente o elevado teor de vitamina A, ao mesmo tempo que posicionam os produtos de BDPA como opções alimentares versáteis, saudáveis e económicas. Apresentam-se de seguida os elementos-chave para comercializar e promover com êxito os produtos BDPA:

6.3.1. Destacar os benefícios nutricionais

Teor de vitamina A: A BDPA é rica em beta-caroteno, que o corpo converte em vitamina A, o que a torna um alimento ideal para combater a deficiência de vitamina A, especialmente em populações vulneráveis. Os esforços de marketing devem enfatizar este benefício para a saúde.
Estratégia de marketing: Desenvolver campanhas de marketing centradas na saúde que realcem a forma como as BDPA podem abordar questões de saúde pública como a subnutrição e a saúde ocular.
Exemplo: No Uganda, a campanha "Vitamina A para Todos" realçou o papel das BDPA na melhoria da saúde infantil, o que aumentou significativamente a procura de produtos BDPA.

6.3.2. Criar a identidade da marca

Nome da marca e embalagem: O nome, o logótipo e a embalagem dos produtos de BDPA devem refletir o valor nutricional, o património local e a versatilidade do produto. A utilização de cores vibrantes como o laranja e o verde pode representar saúde e vitalidade.
Exemplo: A marca "VitaSweet", desenvolvida no Quénia, centrava-se no teor de vitamina A e apresentava um logótipo dinâmico que mostrava laranja e verde brilhantes para assinalar a frescura e a

nutrição (Namanda, et al. 2018).

6.3.3. Mensagens direcionadas para diferentes segmentos de consumidores
Público-alvo: A estratégia de marketing deve adaptar as mensagens a diferentes grupos, tais como mães que se preocupam com a nutrição infantil, indivíduos preocupados com a saúde e famílias com baixos rendimentos que procuram opções alimentares nutritivas e económicas.

Mensagens para mercados urbanos: Nos mercados urbanos, o branding pode enfatizar a conveniência e o posicionamento de produtos premium, como "puré de batata-doce gourmet" ou "batatas fritas saudáveis".

Exemplo: Na Nigéria, o pão e os snacks de BDPA foram comercializados junto das mães como alternativas saudáveis para os almoços escolares das crianças, utilizando slogans como "O pão vitaminado de que os vossos filhos precisam". (Adekanye, et al. 2021)

6.3.4. Diversificação de produtos
Produtos de valor acrescentado: As BDPA podem ser transformadas numa variedade de produtos, como farinha, puré, batatas fritas, snacks e alimentos para bebés. A oferta de uma gama de produtos pode ajudar a satisfazer as diferentes preferências dos consumidores.

Exemplo: Os snacks, o pão e a farinha à base de batata-doce têm sido comercializados com sucesso tanto nas zonas rurais como urbanas em países como o Uganda e a Tanzânia (Tumwegamire, et al. 2017).

6.3.5. Tirar partido da cultura e do património locais
Contar histórias: Uma marca eficaz para os produtos de BDPA pode incluir narrativas sobre as tradições agrícolas locais, o papel do conhecimento indígena no cultivo e a capacitação dos pequenos agricultores, especialmente das mulheres.

Ressonância cultural: A ligação dos produtos de BDPA à cultura alimentar tradicional pode aumentar a sua aceitação e comercialização. Por exemplo, o posicionamento das BDPA como uma adaptação moderna de um alimento básico tradicional aumenta a sua relevância.

Exemplo: No Gana, uma estratégia de branding envolveu histórias sobre como as agricultoras locais estão a usar a BDPA para alimentar as suas famílias e comunidades, promovendo a saúde e o empoderamento do género (Abidin, et al. 2018).

6.3.6. Marketing digital e redes sociais
Campanhas nas redes sociais: Plataformas como Facebook, Instagram e X (antigo Twitter) podem ser usadas para criar consciência e construir uma comunidade em torno dos produtos OFSP. Conteúdo envolvente, como receitas, vídeos de culinária e testemunhos de utilizadores, pode aumentar a visibilidade.

Marketing de influência: A parceria com bloggers de culinária, nutricionistas e chefs locais pode aumentar ainda mais o apelo do produto, mostrando a sua versatilidade em vários pratos.

Exemplo: No Quénia, uma campanha no Instagram de chefs locais apresentou receitas criativas utilizando BDPA, atraindo consumidores urbanos mais jovens e preocupados com a saúde (Mbabazi, 2020).

6.3.7. Criação de parcerias e colaborações
Parcerias com organizações de saúde: A colaboração com instituições de saúde pública ou ONGs pode ajudar a posicionar as BDPA como parte de uma iniciativa nutricional mais ampla, o que pode aumentar a confiança no produto e promover a sua adoção generalizada.

Programas de alimentação escolar: A incorporação das BDPA nos programas de alimentação escolar ajuda a aumentar a consciencialização das crianças e dos pais.

Exemplo: A TechnoServe trabalhou com agricultores na Nigéria para promover a BDPA em programas de alimentação escolar, o que ajudou a aumentar o perfil da cultura e a criar uma procura de produtos transformados como pão e puré de BDPA (Okello, et al. 2019).

6.3.8. Sustentabilidade e marca ética
Impacto ambiental e social: Enfatizar a sustentabilidade do cultivo da BDPA - como a baixa necessidade de insumos, a tolerância à seca e os benefícios para os pequenos agricultores - pode ser

uma poderosa ferramenta de branding.

Comércio justo e certificação orgânica: Se aplicável, posicionar os produtos de BDPA como orgânicos, não OGM ou de comércio justo pode atrair os consumidores com preocupações éticas.

Exemplo: A "Green Roots Sweetpotato Flour" (farinha de batata-doce de raízes verdes), na Tanzânia, foi classificada como um produto de comércio justo que apoia os agricultores locais e conserva a biodiversidade (Amagloh, et al. 2020).

CAPÍTULO 7
DINÂMICA DO MERCADO DE OFSP E CADEIA DE VALOR NA NIGÉRIA
7.1. Panorâmica da dinâmica do mercado das BDPA
7.1.1. Lado da oferta:
A oferta de BDPA na Nigéria é largamente impulsionada pelos pequenos agricultores, muitos dos quais estão envolvidos na agricultura de sequeiro. De acordo com o Centro Internacional da Batata (2021), a produtividade das BDPA está sujeita a variações sazonais, mas as iniciativas para melhorar a distribuição de sementes e as práticas agronómicas melhoraram os rendimentos em algumas zonas.
- Sistemas de sementes: Um dos factores críticos que afectam a produção de BDPA é o acesso a vinhas de qualidade. O sistema formal de sementes está subdesenvolvido e os agricultores dependem frequentemente de sistemas informais ou de trocas de videiras entre agricultores.
7.1.2. Lado da procura:
A procura de BDPA é impulsionada tanto pela consciência nutricional como por factores económicos. Os programas governamentais e as ONG orientadas para a nutrição estão a promover ativamente o consumo de BDPA, sobretudo em regiões com elevada deficiência de vitamina A. Os consumidores urbanos e os processadores de alimentos estão cada vez mais interessados nas BDPA pelos seus benefícios para a saúde, o que leva a uma procura crescente nos mercados urbanos.
De acordo com o International Food Policy Research Institute (IFPRI), (2019) o consumo de BDPA é diversificado - utilizado no consumo direto como produtos cozidos ou fritos, e em formas processadas como a farinha de BDPA, que está a ser cada vez mais utilizada na indústria de panificação para pão, bolos e pastelaria.
7.1.3. Dinâmica de preços:
Os preços das BDPA tendem a flutuar sazonalmente, com preços mais altos durante a estação seca, quando a produção é menor. O mercado também é afetado pelas dificuldades de transporte e armazenamento, uma vez que a batata-doce é perecível e requer um manuseamento cuidadoso para evitar perdas pós-colheita. Os esforços para melhorar as tecnologias de armazenamento, tais como a introdução de melhores métodos de cura, estão gradualmente a estabilizar os preços.
7.1.4. Distribuição geográfica:
A produção está concentrada em certas regiões da Nigéria, como o Centro-Norte e o Sudoeste do país (Ministério Federal da Agricultura e do Desenvolvimento Rural (FMARD), (2022). Estados como Benue, Nasarawa e Kwara são os principais produtores de BDPA. Estas zonas beneficiam de condições climáticas relativamente favoráveis e de projectos de desenvolvimento agrícola centrados nas culturas de raízes e tubérculos.
7.2. Análise da cadeia de valor
A cadeia de valor das BDPA na Nigéria envolve várias fases fundamentais, desde a produção ao consumo, com vários actores envolvidos em cada fase:
7.2.1. Alimentação de entrada:
Os agricultores dependem de fontes formais e informais de materiais de plantação (videiras). Organizações como o CIP, em colaboração com o FMARD, têm estado a promover a distribuição de variedades melhoradas de BDPA através de multiplicadores de vinha.
7.2.2. Produção:
Os pequenos agricultores dominam a produção. O acesso limitado ao financiamento, às tecnologias melhoradas e aos serviços de extensão são os principais desafios nesta fase. Os agricultores de BDPA carecem frequentemente dos conhecimentos técnicos necessários para otimizar os rendimentos, embora os programas de formação estejam a ser alargados.
7.2.3. Processamento:
A transformação da BDPA em farinha, batatas fritas e outros produtos é um sector em crescimento, com as pequenas e médias empresas (PME) a reconhecerem cada vez mais o seu potencial de mercado. A farinha de BDPA é utilizada como alternativa à farinha de trigo na pastelaria, o que tem

implicações na redução da dependência das importações de trigo da Nigéria.
A transformação, no entanto, é dificultada por infra-estruturas inadequadas, como o acesso deficiente à energia e às instalações de transformação, especialmente nas zonas rurais.

7.2.4. Comercialização e distribuição:
Os canais de comercialização vão desde os mercados locais das aldeias até aos retalhistas urbanos. Os agricultores dependem frequentemente de intermediários, o que leva a margens de lucro reduzidas. Para contrariar esta situação, algumas cooperativas começaram a fazer vendas diretas aos consumidores e transformadores, garantindo melhores preços para os agricultores.
A procura urbana está a aumentar, particularmente em cidades como Lagos, Abuja e Port Harcourt, impulsionada pela crescente popularidade dos alimentos biofortificados.

7.2.5. Consumo:
A BDPA é consumida tanto em zonas rurais como urbanas, embora a sua atração nos mercados urbanos esteja a aumentar devido aos seus benefícios para a saúde. Nas regiões rurais, serve como cultura de segurança alimentar e como fonte de rendimento. Nas zonas urbanas, os produtos à base de BDPA estão a ganhar popularidade, especialmente como alimentos transformados, como pão e snacks.

7.3. Oportunidades no mercado das BDPA
Nutrição e saúde:
As BDPA apresentam oportunidades significativas para melhorar a nutrição e combater a carência de vitamina A. É particularmente benéfica para as crianças com menos de cinco anos e para as mulheres grávidas, em que a carência de vitamina A pode conduzir a graves problemas de saúde.

Aplicações industriais:
A utilização de BDPA em alimentos transformados como a farinha oferece uma via potencial para a substituição de importações na indústria da farinha de trigo. Isto poderia reduzir a dependência da Nigéria das importações de trigo e estimular o valor acrescentado local no sector agroalimentar.

Potencial de exportação:
À medida que a procura global de alimentos saudáveis e biofortificados aumenta, existe potencial para a Nigéria exportar BDPA e produtos à base de BDPA. O comércio regional na África Ocidental também poderia ser explorado, uma vez que os países vizinhos enfrentam desafios nutricionais semelhantes.
O mercado das BDPA na Nigéria tem um potencial significativo para melhorar a nutrição e os meios de subsistência, mas enfrenta desafios relacionados com as infra-estruturas, o financiamento e a sensibilização. Com um maior investimento na transformação, armazenamento e ligações ao mercado, a cadeia de valor das BDPA pode tornar-se uma parte vital do sector agrícola da Nigéria.

7.4. Desafios enfrentados pela cadeia de valor da BDPA
7.4.1. Perdas pós-colheita:
Um desafio significativo na cadeia de valor da BDPA é a perda pós-colheita, que pode atingir 30-40% devido a instalações de armazenamento deficientes e a problemas de transporte. Estão a ser envidados esforços para melhorar as tecnologias de armazenamento, como a cura e o armazenamento a frio.

7.4.2. Falta de sensibilização:
Embora o conhecimento dos benefícios nutricionais da BDPA esteja a aumentar, continua a ser baixo em certas zonas. São necessárias campanhas educativas e promocionais contínuas para estimular ainda mais a procura e aumentar o consumo, especialmente entre as populações rurais.

7.4.3. Financiamento e investimento:
O acesso ao financiamento por parte dos agricultores e transformadores de BDPA é limitado. Os bancos comerciais e as instituições de microfinanciamento hesitam frequentemente em conceder empréstimos ao sector agrícola, em especial para culturas perecíveis como a batata-doce. São necessários produtos financeiros específicos e incentivos governamentais para apoiar os investimentos nas BDPA.

7.5. Valor acrescentado e transformação local
A adição de valor e a transformação da batata-doce de polpa alaranjada (BDPA) envolve várias

abordagens que melhoram o seu prazo de validade, valor nutricional e comercialização. Sendo uma fonte rica em beta-caroteno (pró-vitamina A), a BDPA é particularmente importante para combater a deficiência de vitamina A na África subsariana. Ao criar produtos de valor acrescentado, a BDPA pode ser transformada numa variedade de produtos de consumo e não alimentares, gerando benefícios económicos para os agricultores e transformadores locais. Eis alguns dos principais métodos de adição de valor e de transformação:

7.5.1. Transformação de BDPA em farinha
A farinha de BDPA é um dos produtos de valor acrescentado mais comuns. As batatas-doces são lavadas, descascadas, cortadas em fatias, secas (ao sol ou por secagem mecânica) e moídas até se transformarem em farinha. Esta farinha pode ser utilizada em vários produtos alimentares, tais como pão, papas, pastelaria e como espessante em sopas e molhos. A farinha prolonga o prazo de validade das BDPA e facilita a sua incorporação em diferentes sistemas alimentares (Low, & Van Jaarsveld, 2008).

7.5.2. Batatas fritas de pacote e batatas fritas de pacote
As BDPA podem ser transformadas em batatas fritas e estaladiças, que são alimentos altamente comercializáveis e populares. O processo envolve cortar os tubérculos, fritá-los ou assá-los, e temperá-los para melhorar o sabor. Estes produtos podem ser embalados e vendidos tanto nos mercados locais como internacionais (Tomlins, et al 2007).

7.5.3. Sumo e puré de BDPA
As BDPA são transformadas em sumo e puré, que podem ser utilizados em alimentos para bebés, batidos e como base para outras bebidas. O puré é particularmente valioso para alimentos para bebés devido ao seu elevado conteúdo nutricional e ao seu potencial de integração em produtos alimentares baseados na saúde (Truong, et al.2018).

7.5.4. Pão e produtos de pastelaria OFSP
Cozer pão e outros produtos (por exemplo, biscoitos, bolos) com farinha ou puré de BDPA enriquece o produto alimentar com beta-caroteno. Também substitui a farinha de trigo, o que é importante em regiões onde o trigo não é um alimento básico, reduzindo a dependência do trigo importado (Kapinga, et al.1995).

7.5.5. Macarrão e massa de OFSP
As BDPA podem ser utilizadas para produzir noodles e massas, muitas vezes misturando-as com farinha de trigo ou de arroz. Estes produtos de valor acrescentado satisfazem a procura de alternativas mais saudáveis ao macarrão tradicional, melhorando o seu perfil nutricional com beta-caroteno (Bovell-Benjamin, 2007).

7.5.6. Alimentos para o gado à base de BDPA
Os subprodutos da transformação das BDPA, como as cascas e as vinhas, podem ser utilizados para produzir alimentos para o gado com elevado teor de proteínas e fibras. Isto garante um desperdício mínimo e proporciona um fluxo adicional de rendimento para os agricultores envolvidos na produção de BDPA (Ziska, et al. 2009).

7.5.7. Produção de amido de BDPA
O amido de BDPA é extraído e utilizado na indústria alimentar como agente espessante ou na produção de materiais de embalagem biodegradáveis. O processamento do amido envolve a limpeza, descasque, ralagem e extração do amido através de filtração e secagem (Nuwamanya et al., 2011).

7.5.8. BDPA em confeitarias
As BDPA podem ser incorporadas em produtos de confeitaria, como doces e produtos açucarados. A sua doçura natural e cor vibrante atraem os consumidores, e o seu elevado teor nutricional acrescenta valor a estes produtos tradicionalmente menos nutritivos (Tomlins et al., 2007).

As diversas formas de transformar e acrescentar valor à BDPA não só aumentam a sua comercialização, como também melhoram os seus benefícios nutricionais, nomeadamente no que se refere à carência de vitamina A. Estes métodos também oferecem oportunidades económicas significativas, especialmente para os pequenos agricultores dos países em desenvolvimento, ao alargarem a gama de produtos derivados da BDPA disponíveis no mercado.

CAPÍTULO 8
O PMS E A SEGURANÇA ALIMENTAR NA NIGÉRIA

A introdução da batata-doce de polpa alaranjada (OFSP) na Nigéria tem um potencial significativo para melhorar a segurança alimentar, a nutrição e os meios de subsistência rurais. A BDPA, rica em beta-caroteno (um precursor da vitamina A), combate a fome e as carências de micronutrientes, em especial a carência de vitamina A (DVA), que prevalece entre as populações vulneráveis, como as crianças e as mulheres grávidas.

8.1. Impacto nutricional

A BDPA é uma cultura biofortificada que combate a DVA, uma grande preocupação de saúde pública na Nigéria. De acordo com o Centro Internacional da Batata (CIP), cerca de 30% das crianças nigerianas com menos de cinco anos sofrem de DVA, o que leva a deficiências no sistema imunitário, problemas de visão e aumento dos riscos de mortalidade (Low et al., 2020). O teor de beta-caroteno das BDPA fornece um nutriente essencial para reduzir a DVA, melhorando assim a saúde geral e os resultados nutricionais.

O alto teor de vitamina A da BDPA faz dela uma cultura estratégica no combate à desnutrição, particularmente em comunidades rurais onde o acesso a alimentos diversos e ricos em nutrientes é limitado. Um estudo da iniciativa HarvestPlus revelou que o consumo diário de BDPA pode satisfazer as necessidades de vitamina A de crianças e mulheres grávidas, contribuindo para melhores resultados de saúde e desenvolvimento (HarvestPlus, 2019).

A batata-doce de polpa alaranjada (BDPA) é uma cultura biofortificada significativa que contribui para melhorar o estado nutricional de milhões de nigerianos, especialmente entre as populações vulneráveis, como as crianças e as mulheres grávidas. A BDPA é rica em beta-caroteno, o precursor da vitamina A, que é essencial para a função imunitária, a visão e a saúde em geral. Num país como a Nigéria, onde a deficiência de vitamina A (DVA) é um problema prevalecente, as BDPA constituem uma fonte sustentável e acessível deste nutriente vital.

8.1.1. Luta contra a deficiência de vitamina A (DVA)

A deficiência de vitamina A é um grave problema de saúde pública na Nigéria, particularmente entre as crianças com menos de cinco anos e as mulheres grávidas. De acordo com a UNICEF (2018), a DVA é responsável por várias complicações de saúde, tais como problemas de visão (cegueira nocturna), maior suscetibilidade a infecções e, em casos graves, morte. A introdução de BDPA ajuda a resolver estes problemas devido ao seu elevado teor de beta-caroteno, que o corpo converte em vitamina A.

Um estudo realizado por Low et al. (2017) demonstrou que as crianças que consumiram regularmente BDPA registaram uma melhoria significativa no estado da vitamina A, reduzindo o risco de DVA. O estudo concluiu que apenas 100 gramas de BDPA cozida podem fornecer mais de 100% das necessidades diárias de vitamina A para crianças com menos de cinco anos de idade. Este facto torna a BDPA uma cultura essencial para melhorar o bem-estar nutricional das crianças nas zonas rurais e urbanas da Nigéria.

8.1.2. Melhorar a saúde materna e infantil

Os benefícios nutricionais das BDPA estendem-se às mulheres grávidas e lactantes, um grupo altamente suscetível à DVA devido às suas necessidades nutricionais acrescidas. A vitamina A desempenha um papel fundamental na saúde materna, assegurando um desenvolvimento fetal adequado, melhorando a função imunitária e reduzindo a mortalidade materna. O consumo de BDPA entre as mulheres grávidas tem sido associado a melhores resultados de saúde materna, incluindo a melhoria do peso à nascença e o reforço da imunidade, o que é crucial tanto para a mãe como para a criança (HarvestPlus, 2019).

Além disso, as BDPA estão a ser cada vez mais incorporadas em programas de alimentação complementar para bebés e crianças pequenas na Nigéria. Isto é particularmente importante para reduzir a desnutrição infantil, que continua a ser um desafio significativo no país. Os alimentos enriquecidos com BDPA fornecem nutrientes essenciais, contribuindo para o desenvolvimento cognitivo e reduzindo o atraso no crescimento das crianças (Muzhingi et al., 2016).

8.1.3. Reforçar a segurança nutricional

Nas regiões onde o acesso a uma variedade de alimentos ricos em nutrientes é limitado, especialmente nas zonas rurais da Nigéria, as BDPA constituem uma fonte de nutrientes essenciais acessível e disponível localmente. Ajuda a diversificar as dietas que são predominantemente compostas por alimentos ricos em amido, como a mandioca e o milho, que carecem de vitaminas e minerais essenciais. Ao integrar a BDPA nas refeições quotidianas, as famílias podem melhorar a qualidade geral da sua dieta sem incorrer em custos adicionais significativos.

A iniciativa HarvestPlus, em colaboração com o Centro Internacional da Batata (CIP), tem vindo a promover o consumo de BDPA na Nigéria através de campanhas de sensibilização e programas de formação dirigidos a agricultores, mulheres e profissionais de saúde comunitários (HarvestPlus, 2019). Estes esforços são cruciais para aumentar a aceitação e a adoção das BDPA como um alimento básico que apoia a segurança nutricional.

8.1.4. Potencial para aliviar a fome oculta

A fome oculta, causada por deficiências em micronutrientes como a vitamina A, o zinco e o ferro, afecta uma grande parte da população nigeriana, mesmo entre aqueles que têm acesso a uma ingestão calórica adequada. A BDPA aborda esta questão fornecendo uma fonte significativa de beta-caroteno, que pode ajudar a mitigar os efeitos da fome oculta. Estudos indicam que as estratégias de biofortificação, como a introdução de BDPA, podem reduzir efetivamente as deficiências de micronutrientes, melhorando assim a saúde geral das comunidades na Nigéria (Low et al., 2020).

8.2. Empoderamento económico

Para além dos seus benefícios nutricionais, as BDPA oferecem vantagens económicas aos pequenos agricultores e aos transformadores. A agricultura da Nigéria é dominada por pequenos agricultores que dependem de culturas de base para a sua subsistência. A adaptabilidade da BDPA a diferentes zonas agroecológicas na Nigéria torna-a uma cultura viável para os agricultores rurais, oferecendo segurança alimentar e de rendimento. Os agricultores podem cultivá-la em 3-4 meses, permitindo colheitas rápidas e rendimentos consistentes (Sanginga, 2015).

Além disso, a cadeia de valor da batata-doce, incluindo a transformação em farinha, puré e outros produtos, cria oportunidades económicas para agricultores, transformadores e comerciantes. A integração da BDPA na indústria alimentar - como no pão, biscoitos e alimentos para bebés - impulsionou a procura do mercado, aumentando o rendimento das famílias rurais (Tomlins et al., 2019).

A batata-doce de polpa alaranjada (OFSP) tem o potencial de gerar benefícios económicos significativos para a Nigéria, particularmente ao melhorar os meios de subsistência dos pequenos agricultores, criando oportunidades de emprego no sector agroindustrial e contribuindo para o desenvolvimento económico rural. A adaptabilidade da cultura a diversas zonas agroecológicas, aliada ao seu elevado valor nutricional, torna-a um ativo valioso para melhorar a segurança alimentar e aumentar os rendimentos.

8.2.1. Geração de rendimentos para os pequenos agricultores

O sector agrícola da Nigéria é predominantemente composto por pequenos agricultores que dependem de culturas de base para a sua subsistência. O cultivo de BDPA oferece aos agricultores uma fonte fiável de rendimento devido ao seu curto período de maturação (3-4 meses) e à sua resiliência em várias zonas agroecológicas. De acordo com estudos de Mwanga et al., (2017), os pequenos agricultores das regiões onde a BDPA foi promovida registaram um aumento dos rendimentos provenientes da venda de raízes frescas e de produtos de valor acrescentado.

O cultivo de BDPA é economicamente viável devido ao seu elevado potencial de rendimento em comparação com outras variedades de batata-doce. Por exemplo, um estudo realizado pela HarvestPlus na Nigéria revelou que os agricultores que cultivam BDPA obtiveram melhores retornos financeiros do que os que cultivam batata-doce de polpa branca devido à maior procura do mercado pelos benefícios nutricionais da BDPA (HarvestPlus, 2019). Além disso, a BDPA tem um baixo custo de insumos, tornando-a uma cultura atraente para os agricultores de baixa renda que podem não ter acesso a fertilizantes ou pesticidas caros.

8.2.2. Valor acrescentado e oportunidades agro-industriais

A cadeia de valor das BDPA estende-se para além da agricultura, oferecendo numerosas oportunidades de transformação e comercialização. A batata-doce pode ser transformada numa vasta gama de produtos, incluindo farinha, puré, batatas fritas e produtos de padaria, que podem ser vendidos nos mercados locais e regionais. Estes produtos de valor acrescentado atingem preços mais elevados e podem proporcionar fluxos de rendimento adicionais para os agricultores e empresários.

Na Nigéria, a integração das BDPA na indústria alimentar registou um crescimento na produção de produtos à base de BDPA, tais como pão, biscoitos e alimentos para bebés. O sector de processamento de alimentos adoptou a BDPA como um ingrediente rentável e nutritivo, contribuindo para a diversificação dos produtos agrícolas e criando novos empregos nos sectores de processamento, embalagem e retalho (Tomlins et al., 2019).

A popularidade crescente da BDPA também estimulou a procura na indústria de panificação, particularmente para o fabrico de pão, uma vez que o puré de BDPA é utilizado como substituto da farinha de trigo. Isto tem o potencial de reduzir a dependência da Nigéria das importações de trigo, poupando divisas e impulsionando as economias locais (Maziya-Dixon et al., 2018).

8.2.3. Criação de emprego nas zonas rurais

A BDPA contribui para o desenvolvimento económico rural ao gerar oportunidades de emprego em vários segmentos da cadeia de valor. Para além da mão de obra agrícola, são criados postos de trabalho na transformação, transporte, embalagem e venda a retalho. Instalações de processamento em pequena escala para farinha e puré de BDPA oferecem oportunidades de emprego para mulheres e jovens rurais, capacitando-os economicamente e contribuindo para a redução da pobreza (Sanginga, 2015).

A criação de cooperativas para os agricultores e transformadores de BDPA também facilitou o acesso ao crédito, aos mercados e à formação. Estas cooperativas permitem que os agricultores aumentem a produção e melhorem o seu poder de barganha na negociação de preços, levando a uma melhoria dos meios de subsistência e da resiliência económica (HarvestPlus, 2019).

8.2.4. Procura do mercado e potencial de exportação

A crescente consciencialização dos benefícios nutricionais da BDPA impulsionou a procura interna, particularmente nas zonas urbanas, onde os consumidores estão cada vez mais preocupados com a saúde. Este facto abriu novas oportunidades de mercado para os agricultores, especialmente nas regiões próximas das grandes cidades. As BDPA também estão a ganhar popularidade nos programas de alimentação escolar, que visam melhorar a nutrição das crianças, ao mesmo tempo que proporcionam mercados estáveis para os agricultores locais.

Embora o mercado de exportação de BDPA esteja ainda na sua fase inicial, existe potencial para a Nigéria se tornar um exportador regional de produtos BDPA, particularmente para os países vizinhos da África Ocidental, onde a procura de culturas biofortificadas está a aumentar. Isto poderia melhorar a balança comercial agrícola da Nigéria e proporcionar receitas adicionais para a economia (FAO, 2020).

8.2.5. Apoio governamental e político

O governo nigeriano, em colaboração com organizações internacionais como a Organização das Nações Unidas para a Alimentação e a Agricultura (FAO) e o Centro Internacional da Batata (CIP), iniciou programas para promover o cultivo e o processamento de BDPA. Estes programas visam aumentar o acesso dos agricultores a materiais de plantação melhorados, fornecer formação sobre práticas agronómicas e facilitar o acesso aos mercados (Low et al., 2020).

A integração da BDPA nas políticas nacionais de segurança alimentar realça ainda mais a sua importância económica. Por exemplo, a BDPA foi incluída na Agenda de Transformação Agrícola (ATA), que visa aumentar a produtividade agrícola, melhorar a segurança alimentar e reduzir a pobreza, apoiando o cultivo de culturas ricas em nutrientes (Sanginga, 2015).

8.3. Segurança alimentar e resiliência

A BDPA é uma cultura resiliente que pode prosperar em ambientes adversos, suportando a seca e as más condições do solo, o que a torna ideal para regiões propensas à variabilidade climática, como o Norte da Nigéria. O seu ciclo de crescimento curto e o seu elevado potencial de rendimento contribuem para a segurança alimentar, proporcionando uma fonte de alimentos estável e sustentável, mesmo durante períodos de escassez de alimentos (Mwanga et al., 2017).

Além disso, a inclusão das BDPA em sistemas agrícolas integrados apoia a diversificação alimentar, reduzindo a dependência de cereais e outras culturas de base vulneráveis às alterações climáticas. Ao aumentar a diversidade alimentar e a sustentabilidade agrícola, a BDPA contribui para a construção de sistemas agrícolas resilientes na Nigéria (Andrade et al., 2009).

A batata-doce de polpa alaranjada (OFSP) desempenha um papel crucial no reforço da segurança alimentar e no desenvolvimento da resiliência na Nigéria. O país enfrenta numerosos desafios, incluindo a desnutrição, a pobreza e as alterações climáticas, que afectam os meios de subsistência de milhões de pessoas, especialmente nas zonas rurais. A BDPA é uma cultura biofortificada rica em beta-caroteno, o que a torna uma fonte valiosa de vitamina A e uma componente importante das estratégias destinadas a combater a fome e a desnutrição. A sua resistência a vários factores de stress ambiental também a posiciona como uma cultura fundamental para aumentar a sustentabilidade agrícola.

8.3.1. Segurança nutricional

O elevado teor de beta-caroteno das BDPA contribui significativamente para reduzir a deficiência de vitamina A (DVA), um grave problema de saúde na Nigéria, especialmente entre as crianças e as mulheres grávidas. De acordo com a UNICEF, a DVA afecta cerca de 30% das crianças nigerianas com menos de cinco anos, provocando problemas de visão, maior risco de infeção e aumento da mortalidade (UNICEF, 2018). O consumo de BDPA proporciona uma fonte sustentável e acessível de vitamina A, ajudando a mitigar estes riscos para a saúde e a melhorar os resultados nutricionais em populações vulneráveis (HarvestPlus, 2019).

Os benefícios nutricionais das BDPA contribuem para melhorar a segurança alimentar das famílias, diversificando os regimes alimentares tradicionalmente dependentes de culturas de base menos nutritivas, como a mandioca, o inhame e o milho. Ao promover a adoção de BDPA, as famílias rurais podem garantir uma dieta mais equilibrada e rica em nutrientes, o que é crucial para combater a "fome oculta" - a falta de micronutrientes essenciais na dieta (Low et al., 2020).

8.3.2. Resiliência climática e adaptabilidade

A BDPA é uma cultura resistente ao clima que pode desenvolver-se em várias condições ambientais, incluindo solos pobres e secas. Isto torna-a uma cultura ideal para a Nigéria, onde as alterações climáticas e os padrões meteorológicos erráticos tiveram um impacto negativo na produtividade agrícola. Foi demonstrado que a BDPA resiste melhor à seca do que outras culturas, garantindo uma fonte alimentar estável mesmo em regiões propensas a períodos de seca e precipitação irregular (Mwanga et al., 2017).

Ao incorporar a BDPA nos sistemas agrícolas, os pequenos agricultores podem aumentar a sua resistência aos choques climáticos. O seu ciclo de crescimento curto (3-4 meses) permite colheitas rápidas, o que é benéfico em tempos de escassez de alimentos. Isto ajuda os agricultores a manter a disponibilidade de alimentos ao longo do ano, particularmente durante os períodos em que outras culturas podem falhar (Sanginga, 2015). Além disso, o elevado potencial de rendimento da BDPA por hectare contribui para maximizar a produtividade em terras limitadas, o que é particularmente importante em zonas densamente povoadas ou com recursos limitados.

8.3.3. Segurança alimentar através da diversificação das culturas

A incorporação da BDPA nos sistemas agrícolas dos pequenos agricultores na Nigéria apoia a diversificação agrícola, que é fundamental para melhorar a segurança alimentar. A diversificação das culturas reduz os riscos associados à dependência de uma única cultura de base, especialmente no

contexto da variabilidade climática e dos surtos de pragas. Ao cultivar as BDPA juntamente com outras culturas de base, os agricultores podem reduzir a sua vulnerabilidade a quebras de colheitas e garantir um abastecimento alimentar mais estável e fiável (Tomlins et al., 2019).
Além disso, as BDPA contribuem para melhorar a sustentabilidade da agricultura, reforçando a saúde dos solos. O seu cultivo ajuda a manter a fertilidade do solo e a prevenir a sua erosão, particularmente em regiões onde outras culturas podem esgotar os nutrientes do solo. Este aspeto da sustentabilidade é vital para a segurança alimentar a longo prazo na Nigéria, onde a degradação do solo é uma preocupação crescente (Mwanga et al., 2017).

8.3.4. Contribuição para o rendimento das famílias e a resiliência económica
O papel da BDPA na segurança alimentar vai além dos seus benefícios nutricionais e agrícolas, incluindo o seu impacto económico nos meios de subsistência rurais. Como cultura de rendimento, a BDPA oferece oportunidades de geração de rendimento aos pequenos agricultores e transformadores, melhorando a sua resiliência financeira. Estudos mostram que os agricultores que cultivam a BDPA juntamente com outras culturas registam rendimentos globais mais elevados devido à crescente procura de BDPA nos mercados locais (HarvestPlus, 2019).
O desenvolvimento de cadeias de valor baseadas nas BDPA, como a transformação em farinha, puré, batatas fritas e outros produtos, cria mais oportunidades económicas. Estes produtos transformados podem ser vendidos a preços mais elevados, aumentando os rendimentos das famílias e contribuindo para a resiliência económica. Além disso, a integração das BDPA nos mercados institucionais, como os programas de alimentação escolar e os sistemas de compras públicas, proporciona uma procura estável da cultura, garantindo um rendimento contínuo aos agricultores rurais (FAO, 2020).

8.3.5. Integração nos programas governamentais e de desenvolvimento
O governo nigeriano, em colaboração com organizações internacionais como o Centro Internacional da Batata (CIP) e a USAID, reconheceu a importância da BDPA para alcançar a segurança alimentar e melhorar a resiliência. Estes esforços fazem parte de iniciativas mais alargadas para promover culturas biofortificadas e combater a desnutrição. Os programas governamentais que apoiam a adoção das BDPA incluem o fornecimento aos agricultores de acesso a materiais de plantação melhorados, a oferta de formação agronómica e a facilitação do acesso aos mercados (Low et al., 2020).
A inclusão das BDPA nos programas de alimentação escolar também demonstra o seu potencial para melhorar o estado nutricional das crianças em idade escolar, proporcionando simultaneamente um mercado estável para os agricultores locais. Esta integração nas políticas de saúde pública e agrícolas sublinha o papel da BDPA na contribuição para a segurança alimentar a curto prazo e para a resiliência agrícola a longo prazo.

8.4. Apoio governamental e político
O governo nigeriano, juntamente com organizações internacionais e parceiros de desenvolvimento, reconheceu a importância das culturas biofortificadas, como a batata-doce de polpa alaranjada (OFSP), para enfrentar os desafios de segurança alimentar e nutrição do país. O apoio do governo à produção de BDPA reflecte-se nas políticas agrícolas, nos programas de desenvolvimento e nas colaborações destinadas a aumentar a produtividade, a melhorar a nutrição e a aumentar a resistência dos pequenos agricultores.

8.4.1. Inclusão nas políticas agrícolas nacionais
As BDPA foram integradas nos quadros agrícolas nacionais da Nigéria com o objetivo de aumentar a produção alimentar, melhorar a nutrição e reduzir a pobreza. Uma das políticas mais notáveis é a Agenda de Transformação Agrícola (ATA), lançada pelo Ministério Federal da Agricultura e do Desenvolvimento Rural. A ATA dá ênfase à diversificação do sector agrícola da Nigéria e à promoção de culturas ricas em nutrientes, incluindo variedades biofortificadas como a BDPA. Ao apoiar as BDPA, a ATA tem por objetivo melhorar a segurança alimentar e os meios de subsistência dos pequenos agricultores (FMARD, 2015).
Além disso, a Política de Promoção Agrícola (APP), comumente designada por "A Alternativa Verde", lançada em 2016, assenta nos alicerces da ATA. Esta política tem como objetivo aumentar a

produção de culturas com elevado teor de nutrientes, reduzir as perdas pós-colheita e apoiar o desenvolvimento da cadeia de valor. A BDPA é uma das principais culturas promovidas no âmbito desta iniciativa, e a política incentiva um maior acesso a materiais de plantação melhorados e apoia a criação de indústrias de transformação para aumentar o valor acrescentado (Ministério Federal da Agricultura e do Desenvolvimento Rural, 2016).

8.4.2. Colaboração com organizações internacionais

O governo nigeriano estabeleceu parcerias com várias organizações internacionais para promover a produção de BDPA, incluindo o Centro Internacional da Batata (CIP), o HarvestPlus e a Organização das Nações Unidas para a Alimentação e a Agricultura (FAO). Estas colaborações têm-se centrado na distribuição de variedades melhoradas de BDPA, na formação dos agricultores e no desenvolvimento de cadeias de valor para garantir uma produção sustentável e o acesso ao mercado.

Por exemplo, o programa HarvestPlus tem sido fundamental para promover as BDPA como parte da estratégia de biofortificação da Nigéria. O programa fornece apoio técnico e financeiro para a produção e disseminação de videiras de BDPA, garantindo que os agricultores tenham acesso a variedades de alto rendimento, tolerantes à seca e resistentes a doenças (HarvestPlus, 2019). Esta parceria entre o governo e o HarvestPlus também ajudou a aumentar a consciencialização sobre os benefícios nutricionais das BDPA através de campanhas educativas e de sensibilização da comunidade.

O Centro Internacional da Batata (CIP) também apoiou o governo nigeriano através da realização de investigação para desenvolver novas variedades de BDPA adaptadas a diferentes zonas agroecológicas. O trabalho do CIP na Nigéria inclui iniciativas de capacitação para agentes de extensão e agricultores, com foco nas melhores práticas para o cultivo de BDPA, manejo de pragas e doenças e manuseio pós-colheita (Mwanga et al., 2017).

8.4.3. Apoio às BDPA nos programas de nutrição

As BDPA desempenham um papel vital nos esforços do governo para combater a subnutrição, especialmente a deficiência de vitamina A, que afecta milhões de crianças e mulheres grávidas na Nigéria. Os programas governamentais, tais como o Programa de Alimentação Escolar Caseira (HGSF), que faz parte da iniciativa de investimento social mais alargada do país, incorporaram as BDPA nas refeições escolares para melhorar o estado nutricional das crianças em idade escolar. Ao fazê-lo, o governo não está apenas a abordar a desnutrição, mas também a criar mercados estáveis para os agricultores locais que cultivam BDPA (FMARD, 2018).

O apoio do governo nigeriano às BDPA em programas sensíveis à nutrição alinha-se com a sua Política Nacional de Alimentação e Nutrição (2016-2025), que destaca a necessidade de culturas biofortificadas para combater a fome oculta. A política promove a adoção das BDPA como uma solução rentável para melhorar a qualidade da dieta das populações vulneráveis, especialmente nas zonas rurais (Comissão Nacional de Planeamento, 2016).

8.4.4. Acesso a materiais de plantação melhorados

Uma área chave do apoio governamental à produção de BDPA é a distribuição de materiais de plantação de alta qualidade. Através do National Root Crops Research Institute (NRCRI), o governo trabalha com o CIP e outros parceiros para desenvolver e disseminar variedades melhoradas de BDPA que sejam adequadas às diversas zonas agroecológicas da Nigéria. Estas variedades são selecionadas pelo seu elevado teor de beta-caroteno, resistência a pragas e doenças e capacidade de prosperar em áreas propensas à seca (NRCRI, 2017).

O governo também apoiou o estabelecimento de centros de multiplicação de videiras, que garantem que os agricultores tenham acesso consistente a materiais de plantação certificados de BDPA. Este sistema ajuda a melhorar os rendimentos e aumenta a produtividade dos pequenos agricultores, contribuindo para aumentar a segurança alimentar e os rendimentos das famílias (FMARD, 2015).

8.4.5. Desenvolvimento do mercado e apoio à cadeia de valor

O governo nigeriano implementou políticas para apoiar o desenvolvimento do mercado e a integração da cadeia de valor das BDPA. Ao promover a transformação das BDPA em produtos de valor acrescentado, como o puré, a farinha e as batatas fritas, o governo incentiva o crescimento de empresas agro-industriais que podem aproveitar a procura crescente de produtos à base de BDPA. Isto cria oportunidades de geração de rendimentos, criação de emprego e desenvolvimento económico rural.

As iniciativas governamentais também têm como objetivo ligar os produtores de BDPA aos mercados institucionais, tais como escolas, hospitais e programas públicos de aquisição de alimentos. Este desenvolvimento de mercado é crucial para garantir uma procura estável de BDPA e promover a sustentabilidade a longo prazo para os agricultores que cultivam a cultura (Sanginga, 2015).

Além disso, o Programa de Mutuários Âncora do Banco Central da Nigéria forneceu apoio financeiro aos agricultores de BDPA, permitindo-lhes aceder ao crédito, comprar factores de produção e aumentar a produção. O programa liga os pequenos agricultores a transformadores e compradores, assegurando-lhes um mercado fiável para os seus produtos e reduzindo as perdas pós-colheita (CBN, 2020).

A BDPA desempenha um papel fundamental na abordagem da insegurança alimentar e nutricional na Nigéria. A sua biofortificação com beta-caroteno, o seu potencial económico para os pequenos agricultores e a sua resistência às alterações climáticas fazem dela uma cultura estratégica para garantir a segurança alimentar. Ao promover o seu cultivo e consumo, a Nigéria pode dar passos significativos na redução da desnutrição, no aumento dos rendimentos rurais e na obtenção de sistemas alimentares sustentáveis.

REFERÊNCIAS

Abidin, P.E., Manfred, T., & Gomez, L.R. (2018). O papel da marca na promoção do consumo de batata-doce de polpa alaranjada na África subsaariana. Jornal Africano de Economia Agrícola e de Recursos. DOI:10.4314/afjare. v13i2.2.

Adekanye, T.A., Yusuf, S.A., Okojie, L.O., & Adeola, A.O. (2021). Consciência do consumidor e aceitabilidade dos produtos de batata-doce de polpa alaranjada na Nigéria. Jornal Africano de Alimentação, Agricultura, Nutrição e Desenvolvimento. DOI:10.18697/ajfand.98.19.12344

Ado, S. G., Sanusi, M. S., & Aliyu, A. (2019). Produção e Produtividade da Batata Doce na Nigéria: Perspectivas e Desafios. Jornal de Ciências e Práticas Agrícolas, 4(2), 5664.

Akinola, R., Pereira, L., Roba,H., &Sitas, N. (2021). Tecnologias para o processamento de batatas doces de polpa alaranjada para nutrição e desenvolvimento económico em África. Jornal de Processamento e Preservação de Alimentos. DOI:10.1111/jfpp.15783

Amagloh, F. K., Weber, J.L., Brough, LL., Mutukumira, A.N., Hardacre, A., & Coad, J. (2020). Sustentabilidade e posicionamento de mercado de produtos de batata-doce de polpa alaranjada. Sustentabilidade. DOI:10.3390/su12212346.

Andrade, M., Barker, I., Dapaah, H., Elliott, H., Fuentes, S., Gruneberg, W., Mwanga, R. (2009). Unleashing the potential of Sweetpotato in Sub-Saharan Africa: Desafios actuais e caminho a seguir.

Bouis, H.E., e Islam, Y. (2012). Biofortificação: Leveraging Agriculture to Reduce Hidden Hunger. Segurança Alimentar 5(5),631-640.

Bovell-Benjamin, A.C. (2007). Sweetpotato: A review of its past, present, and future role in human nutrition. Avanços na Investigação Alimentar e Nutricional, 52, 1-59.

Carey, E. E., & Gichuki, S. T. (1999). Sweet Potato in Africa: Improving the Livelihoods of Farmers in Drought-Prone Areas of Kenya (Batata Doce em África: Melhoria dos Meios de Subsistência dos Agricultores em Zonas de Seca do Quénia). Centro Internacional da Batata

Carey. E.E., Gichuki, S.T., Ndolo, P.J., Tana, P., &Lung'Aho, M..G. (2019). Sweet Potato in Sub-Saharan African (Batata Doce na África Subsariana). Em The Sweetpotato (pp 611-648). Springer, Cham.

CBN (2020). Programa dos Mutuários Âncora. Banco Central da Nigéria. Recuperado de http://www.cbn.gov.ng

Organização das Nações Unidas para a Alimentação e a Agricultura. (2020). Promover a adoção de culturas biofortificadas na África Ocidental: O caso da batata-doce de polpa alaranjada na Nigéria. Recuperado de http://www.fao.org

Ministério Federal da Agricultura e do Desenvolvimento Rural (FMARD). (2022). Política de Culturas de Raízes e Tubérculos: Cadeia de valor da batata-doce de polpa alaranjada. Nigéria.

Ministério Federal da Agricultura e do Desenvolvimento Rural, 2020

Ministério Federal da Agricultura e do Desenvolvimento Rural. (2015). Agenda de Transformação Agrícola: Faremos crescer o sector agrícola da Nigéria. FMARD.

Ministério Federal da Agricultura e do Desenvolvimento Rural. (2016). A Política de Promoção Agrícola (2016-2020): A alternativa verde. FMARD.

Ministério Federal da Agricultura e do Desenvolvimento Rural. (2018). Programa de alimentação escolar cultivada em casa: Fortalecimento da alimentação e nutrição por meio de compras locais. FMARD.

Organização das Nações Unidas para a Alimentação e a Agricultura. (2021). OFSP na Nigéria: Improving Nutrition through Agriculture. (https://www.fao.org).

Organização das Nações Unidas para a Alimentação e a Agricultura (FAO) (2016). O Estado da Alimentação e da Agricultura 2016: Alterações climáticas, agricultura e segurança alimentar

Gibson, R.W., Mwanga, R.O.M., Namanda, S., Jeremiah. S.C., & Barker, I. (2009). Sistema de Sementes de Batata Doce na África Subsaariana. Actas do Workshop Internacional sobre Sistemas de Sementes de Batata Doce na África Subsariana, 2-3. Centro Internacional da Batata (CIP), Nairobi,

Quénia.
Gichuki, S., Carey, E., Mwanga, R., &Turyamureeba, G. (2006). Sweet Potato Breeding for Eastern and Southern Africa (Melhoramento da Batata Doce para a África Oriental e Austral). Centro Internacional da Batata.
Haque, M. S., Shakil, M. H., & Rahman, M. M. (2014). Gestão de Fertilizantes na Produção de Batata Doce (Ipomoea batatas L.): A Review. Jornal de Investigação Agrícola do Bangladesh, 39(1), 1-12
Harper, C.L., & Biles, J.J. (2019). Alimentos, agricultura e sustentabilidade ambiental. Routledge.
HarvestPlus Nigéria. (2020). Promoção da BDPA para combater a deficiência de vitamina A. (https://www.harvestplus.org).
HarvestPlus. (2019). Vitamina A da Batata Doce Laranja. Recuperado de https://www.harvestplus.org
Instituto Internacional de Investigação sobre Políticas Alimentares (IFPRI). (2019). Adoção e impacto da batata-doce de polpa alaranjada na Nigéria. Washington, DC: IFPRI.
Centro Internacional da Batata (CIP). (2021). Sistemas de Sementes de Batata Doce e Gestão de Culturas. CIP Nigéria.
Centro Internacional da Batata. (2018). Batata-doce de polpa alaranjada: Tudo o que sempre quis saber. Recuperado de https://www.cipotato.org.
Islam, S.N., Nusrat, T., Begum, P., & Ahsan, M. (2018). Deficiência de vitamina A e fatores socioeconómicos entre crianças rurais do ensino primário no Bangladesh. Boletim de Alimentação e Nutrição, 39(3), 388-396.
Kapinga, R., Ewell, P., Jeremiah, S., & Kileo, R. (1995). Sweetpotato in Tanzania Farming and Food Systems: Implications for Research. Centro Internacional da Batata (CIP), Lima, Peru.
Karanja, D.D., Tschirley, D.L., & Muiruri, R.S. (2017). O papel da batata-doce na melhoria da segurança alimentar e dos rendimentos dos pequenos agricultores no Quénia. Jornal de Economia Agrícola e Desenvolvimento Rural, 4(2), 117-126.
Low, J. W., Arimond, M., Osman, N., Cunguara, B., Zano, F., &Tschirley, D. (2020). Garantir o fornecimento e criar demanda para uma cultura biofortificada com uma caraterística visível: Lições aprendidas com a introdução da batata-doce de polpa alaranjada em áreas propensas à seca de Moçambique. Boletim de Alimentação e Nutrição, 28(3), 258-270.
Low, J. W., Ball, A.-M., Nemec, L., Arimond, M., & Eide, W. (2017). A introdução de culturas biofortificadas e sua contribuição para a redução da carência de vitamina A : Lições aprendidos e potencial futuro. Boletim de Alimentação e Nutrição, 38(1), 109-124.
Low, J. W., Ball, A.-M., Nemec, L., Arimond, M., & Eide, W. (2020). A introdução de culturas biofortificadas e sua contribuição para a redução da carência de vitamina A : Lições aprendido e potencial futuro. Boletim de Alimentação e Nutrição, 38(1), 109-124.
Low, J., Lynam, J., &Lemaga, B. (2007). Sweetpotato in Sub-Saharan Africa. In: The Sweetpotato, Springer.
Low, J., Mwanga, R. O. M., Andrade, M., Carey, E., & Ball, A.-M. (2017). Uma abordagem baseada em alimentos introduzindo batatas doces de polpa alaranjada para combater a deficiência de vitamina A na África Subsaariana. Boletim de Alimentação e Nutrição, 30(4), 317-325.
Low, J.W., & Van Jaarsveld, P.J. (2008). A contribuição potencial de pãezinhos fortificados com farinha de BDPA para as necessidades de vitamina A das crianças do ensino primário na África do Sul. Jornal Internacional de Ciências Alimentares e Nutrição, 59(1), 39-47.
Maziya-Dixon, B., Alamu, E. O., &Nwuneli, N. (2018). Aceitabilidade do consumidor e viabilidade económica da incorporação de puré de batata-doce de polpa alaranjada em produtos à base de trigo na Nigéria. Jornal Africano de Ciência Alimentar, 12(5), 124-132.

Mbabazi, G. (2020). Aproveitamento de plataformas digitais para a comercialização de batata-doce de polpa alaranjada na África Oriental. Jornal de Inovação do Agronegócio. DOI:10.1093/abij2020.v30.014.
Musyoka, M.W., et al. (2021). Processamento e utilização de batata-doce de polpa alaranjada na África subsaariana: Oportunidades para combater a deficiência de vitamina A. Food Reviews International. DOI:10.1080/87559129.2021.1896937
Muzhingi, T., Langyintuo, A., Malaba, L., &Banziger, M. (2016). Aceitabilidade do consumidor de produtos de milho amarelo no Zimbabué. Política Alimentar, 33(4), 352-361.
Mwanga, R. O. M., Odongo, B., Niringiye, C., Kapinga, R., &Tumwegamire, S. (2017). Melhoramento e genómica da batata-doce: Progressos, desafios e perspectivas para o futuro melhoramento da batata-doce na África Subsariana. Crop Science, 55(5), 2106-2123.
Nabubuya, A., Namutebi, A., Muyonga, J.H., &Byraruhanga, Y.B. (2019). Processamento de batata-doce de polpa alaranjada em puré para a produção de pão: Equipamento e considerações nutricionais. Boletim de Alimentação e Nutrição. DOI:10.1177/0379572119847777.
Namanda, S., Gibson, R.W. & Sindi, K. (2018). Estratégias de marketing para batata-doce de polpa alaranjada: Um estudo de caso no Quénia. Jornal Internacional de Marketing de Alimentos. DOI:10.1016/j.ifm.2018.02.005.
Comissão Nacional da População (CNP). Inquérito Demográfico Nacional de Saúde, 2018
Comissão Nacional de Planeamento. (2016). Política Nacional de Alimentação e Nutrição na Nigéria (20162025). Comissão Nacional de Planeamento.
Instituto Nacional de Investigação de Culturas de Raiz (NRCRI) (2017). O papel do NRCRI no aumento da produção de batata-doce na Nigéria.
Instituto Nacional de Investigação de Culturas de Raízes (NRCRI) (2020). Relatório Anual 2020. Instituto Nacional de Investigação de Culturas de Raízes, Umudike, Nigéria.
Nuwamanya, E., Baguma, Y., Wembabazi, E., &Rubaihayo, P. (2011). Um estudo comparativo das propriedades físico-químicas dos amidos de raízes, tubérculos e cereais. Jornal Africano de Biotecnologia, 10(56), 12018-12030.
Okello, J.J., De Groote, H., &Mausch, K. (2019). Parcerias público-privadas para promover as cadeias de valor da batata-doce de polpa alaranjada: Um estudo de caso na Nigéria. Instituto Internacional de Investigação sobre Políticas Alimentares. DOI:10.2499/ifpri.rp1583.
Rees, D., van Oirschot, Q., & Amour, R. (2003). Avaliação Pós-Colheita da Batata Doce: Experiências da África Oriental. Instituto de Recursos Naturais.
Sanginga, N. (2015). Culturas de raízes e tubérculos para a segurança alimentar na África Subsariana: Assegurar o abastecimento fiável de culturas de base saudáveis e ricas em nutrientes para os pobres. Organização das Nações Unidas para a Alimentação e a Agricultura (FAO).
Tewe, O. O., & Ogunsola, F. (2019). Manuseamento e processamento pós-colheita de batata-doce de polpa alaranjada. Jornal Internacional de Tecnologia Agrícola e Segurança Alimentar. DOI:10.5958/0976-055X.2019.00115.7
Tomlins, K., Manful, J., Larwer, P., & Hammond, L. (2007). Utilização da batata-doce na indústria do pão no Gana. Jornal Africano de Agricultura, Alimentação, Nutrição e Desenvolvimento, 7(1), 1-15.
Tomlins, K., Ndunguru, G., Stambul, K., Joshua, N., Ngendello, T., &Rwiza, E. (2019). Oportunidades e desafios no desenvolvimento de empresas de processamento de batata-doce na Tanzânia. Jornal Africano de Alimentação, Agricultura, Nutrição e Desenvolvimento, 19(3), 14707-14723.
Truong, V.-D., Avula, R.Y., Pecota, K.V., & Yencho, G.C. (2018). Puré e pó de batata-doce para ingredientes alimentares funcionais. Em Sweetpotato: Química, Processamento e Nutrição (pp. 395-428). Elsevier.
Tumwegamire, S., Namutebi, A., & Byaruhanga, Y.B. (2017). Diversificação de produtos para a batata-doce de polpa alaranjada: Uma abordagem estratégica de marketing. Jornal de Processamento de Alimentos. DOI:10.1002/jfp.1685

Tumwegamire, S., Namutebi, A., & Ndagire, D. (2018). Acréscimo de valor da batata-doce de polpa alaranjada através da tecnologia de cozedura por extrusão. Jornal de Engenharia Alimentar. DOI:10.1016/j.jfoodeng.2018.07.020.

Tumwegamire, S., Kapinga, R., Zhang, D., Crissman, C., &Lemaga, B. (2011). Oportunidades para promover a batata-doce de polpa alaranjada como um mecanismo de combate à deficiência de vitamina A na África Subsariana. Jornal Africano de Alimentação, Agricultura, Nutrição e Desenvolvimento.

UNICEF. (2018). Suplementação de vitamina A: Uma década de progresso. Recuperado de https://www.unicef.org

Woolfe, J.A. (1992). *Sweet Potato: An Untapped Food Resource.* Cambridge University Press

Organização Mundial de Saúde, (2012). Diretrizes: Suplementação de vitamina A em bebés e crianças dos 6 aos 59 meses de idade.

Ziska, L.H., Runion, G.B., Tomecek, M., Prior, S.A., Torbet, H.A., Sicher, R.C., & Fangmeier, A. (2009). Batata-doce (Ipomoea batatas L.) e CO2: Implicações para a alimentação e a segurança alimentar num ambiente global em mudança. Ata Horticulturae, 857, 405-410.

More Books!

I want morebooks!

Buy your books fast and straightforward online - at one of world's fastest growing online book stores! Environmentally sound due to Print-on-Demand technologies.

Buy your books online at
www.morebooks.shop

Compre os seus livros mais rápido e diretamente na internet, em uma das livrarias on-line com o maior crescimento no mundo! Produção que protege o meio ambiente através das tecnologias de impressão sob demanda.

Compre os seus livros on-line em
www.morebooks.shop

info@omniscriptum.com
www.omniscriptum.com

OMNIScriptum